HEYNE
BÜCHER

Ich danke der C. und A. Kupper-Stiftung, der Stadt Biel und dem Kanton Bern für ihre Werkbeiträge.
Ganz besonders möchte ich Verena danken, für ihre Fragen und Antworten, für ihren Halt und ihre Unterstützung während der Arbeit an diesem Roman. Vielen Dank auch an Silvio, Regina, Theres und Ruth für ihr Leseverständnis, ihre Kritiken und Einwände.

Die Autorin wurde unterstützt durch:
Swisslos - Kultur Kanton Bern.

Bibliografische Information
der Deutschen Nationalbibliothek
Die Deutsche Nationalbibliothek verzeichnet diese Publikation in der Deutschen Nationalbibliografie; detaillierte bibliografische Daten sind im Internet über http://dnb.d-nb.de abrufbar.


www.wallstein-verlag.de
Vom Verlag gesetzt aus der Garamond
Umschlaggestaltung: Annina Vettermann, Leipzig
Druck und Verarbeitung: Pustet, Regensburg
ISBN 978-3-8353-3045-0

Dr. med. vet. Stefan Oetjen

# *Die gesunde Katze*

Haltung • Pflege • Vorsorge • Behandlung • Erste Hilfe

WILHELM HEYNE VERLAG
MÜNCHEN

HEYNE RATGEBER
08/5354

*Umwelthinweis:*
Dieses Buch wurde auf
chlor- und säurefreiem Papier gedruckt.

Originalausgabe 4/2001

http://www.heyne.de
Printed in Germany 2001
Redaktion: Dagmar Loy
Lithografie: RMO & Welte, München
Umschlagillustration: Tony Stone Images/Alan + Sandy Carey
Umschlaggestaltung: Eisele Grafik-Design, München
Die Aktualisierung der Grenzformalitäten
und Einreisebestimmungen erfolgte
mit freundlicher Genehmigung des ADAC.
Herstellung: Helga Schörnig
Satz: Gramma GmbH, München
Druck und Bindung: RMO & Welte, München

ISNB 3-453-17969-2

# Inhalt

*Meiner Mutter*

# Vorwort

Vor Ihnen liegt der Ratgeber »Die gesunde Katze«. Entstanden ist dieses Buch aus meinem Erstlingswerk »Die große Tierarzt Dr. Engel Haustierapotheke«. Diesmal sollte ich einen Ratgeber nur für Katzenbesitzer bzw. für Personen schreiben, die mit dem Gedanken spielen, sich eine Katze anzuschaffen.

Ich habe mich auch in diesem Buch bewusst auf praxisrelevante Themen beschränkt. Mehrere Kapitel aus der Erstveröffentlichung sind übernommen und zum Teil komplett überarbeitet worden, außerdem habe ich weitere, für den Katzenhalter wichtige Kapitel hinzugefügt, z. B. allgemeine Tipps, häufig vorkommende Fremdkörper, Kippfenster-Problematik, Hochhaus-Syndrom oder bestimmte Einreisevorschriften, um nur einige zu nennen.

Für mich war und ist es wichtig, dass Sie als Tierbesitzer mit der täglichen Routinearbeit in der Tierarztpraxis vertraut sind. Sie werden nach dem Lesen dieses Ratgebers in der Lage sein, der Katze im Notfall Erste Hilfe zu leisten und Verbände anzulegen, eine allgemeine Gesundheitsvorsorge durchzuführen, über Probleme wie Infektionskrankheiten, Geburt, Schock, Vergiftungen und Wurmbefall bei Katzen zu diskutieren, und das alles mit dem Hintergrund einer soliden Allgemeininformation.

Natürlich wird und soll dieses Buch einen notwendigen Besuch beim Tierarzt nicht ersetzen, aber die Informationen tragen mit Sicherheit dazu bei, den Gang zum Tierarzt überlegter vorzunehmen.

Ich hoffe nun, dass Ihnen dieses Buch viel Freude beim Lesen bereiten und Ihr Wissen weiter vertiefen wird.

*Dr. Stefan Oetjen*

# § 1
# Tierschutzgesetz

Zweck dieses Gesetzes ist es, aus der Verantwortung
des Menschen für das Tier als Mitgeschöpf dessen
Leben und Wohlbefinden zu schützen.
Niemand darf einem Tier ohne vernünftigen
Grund Schmerzen, Leiden oder Schäden zufügen.

# Welche Katze passt zu mir?

Wenn Sie mit dem Gedanken spielen, sich ein Haustier zuzulegen, sollte eines immer am Anfang Ihrer Überlegungen stehen: Informieren Sie sich rechtzeitig und ausführlich über den neuen Mitbewohner, den Sie für sich ins Auge gefasst haben. Durch diese intensive Beschäftigung vor dem Kauf wird Ihnen zunehmend bewusst werden, dass die Anschaffung auch heißt, Verantwortung für das Tier zu übernehmen. Wenn Sie sich mit den Fragen zu Haltung, Pflege, Fütterung, Tierarztkosten, Urlaubszeit etc. frühzeitig auseinandergesetzt haben, werden Sie den Kauf im Nachhinein sicher nicht bereuen. Ich erinnere hier nur an die unzähligen ausgesetzten Katzen gerade während der Urlaubs- oder Nachweihnachtszeit.

Die Entscheidung, ob Rassekatze oder »Mischlingskatze«, will wohl überlegt sein. Möchten Sie den Stubentiger als reine Wohnungskatze, als »Spielgefährten«, als Ausstellungstier, als Zuchtkatze oder -kater, als Einzeltier oder als Partner in einer Katzengruppe halten?

Welche Voraussetzungen müssen Sie in Ihrem trauten Heim dafür schaffen?

Des Weiteren sollten Sie sich über mögliche Erbkrankheiten informieren. Ein Thema, das mittlerweile Bücher füllen könnte. Jede Rasse hat ganz bestimmte Erbkrankheiten aufzuweisen, die z. B. die Augen, die Ohren, die Nase, die Haut oder das Stoffwechselsystem betreffen können.

Informationen hierüber im Vorfeld ersparen Ihnen manchmal unnötige und vielleicht auch schmerzhafte Tierarztbesuche.

Haben Sie sich erst einmal für eine Rasse entschieden, nehmen Sie sich die Zeit, um Händler, Züchter oder Zoohandlungen zu besuchen. Machen Sie sich vor Ort ein Bild von dem gesamten Umfeld, in dem Ihr neuer Hausgenosse gezüchtet, geboren und gehalten wird. Scheuen Sie sich nicht, genau zu hinterfragen, wo die Tiere herkommen. Aus meiner Erfahrung kann ich Ihnen sagen: Es gibt unter den Tierhändlern mehr »schwarze Schafe«, als Sie es für möglich halten.

Möchten Sie ein Tier aus dem Tierheim holen, sollten Sie sich auf alle Fälle vorher beim dortigen Tierarzt über mögliche Erkrankungen bzw. Verhaltensauffälligkeiten Ihres Wunschkandidaten erkundigen.

Allgemeine
Gesundheitsvorsorge

# Die Katze als Haustier

Die Gesellschaft einer Katze wirkt sich auch positiv auf die geistige und körperliche Gesundheit von uns Menschen aus.

Eine möglichst artgerechte Haltung, Pflege und Fütterung kann dies noch verstärken. Regelmäßige Gesundheitskontrollen erhöhen nicht nur die Lebensqualität und Lebensdauer Ihres Vierbeiners, sondern sie sorgen zusätzlich für mehr Vitalität und weniger Gesundheitsprobleme.

### *Regelmäßige Gesundheitskontrolle*

Einige Kontrollen können Sie in regelmäßigen Abständen selbst durchführen. Der Tierarzt wird weitere Untersuchungen vornehmen.

Die Grundvoraussetzung für ein gesundes Tier ist auf jeden Fall eine gute, ausgewogene Ernährung, die dem Alter des Tieres entspricht (Welpenkost, Diät für erwachsene Katzen, für trächtige und säugende, für alte Katzen).

Ist Ihr Vierbeiner jedoch tatsächlich krank (Herz-, Nieren- oder Leberleiden, Diabetes oder Fettleibigkeit), sollten Sie ihm nach Rücksprache mit dem Tierarzt eine entsprechende Nahrung anbieten. Es gibt hier die unterschiedlichsten Futtermischungen auf dem Markt, die sich auf die Bedürfnisse der Patienten abstimmen lassen.

## Darauf sollten Sie regelmässig achten

*Die regelmäßige Kontrolle des eigenen Tieres ermöglicht es Ihnen, Veränderungen rechtzeitig zu erkennen.*
*Die Beobachtung der folgenden Punkte bietet eine optimale Möglichkeit zur Früherkennung sowie Verhütung von Krankheiten.*

- *Verhalten des Tieres*
- *Haltung und Bewegung*
- *Ernährungszustand (Gewichtskontrolle)*
- *Haut und Fell*
- *Körpertemperatur*
- *Zähne*
- *Augen*
- *Ohren*
- *Beurteilung der Atmung*
- *Beurteilung des Bauches*
- *Geschlechtsorgane*
- *Beurteilung der weiblichen Gesäugekomplexe*
- *Analbereich*
- *Kotabsatz*
- *Urinabsatz*
- *Trinkverhalten*

### *Futter*

Katzen sollten 2–3 Mahlzeiten täglich bekommen: jeweils eine kleinere Portion am Morgen und am Mittag und eine größere am Abend.

Die Tiere bleiben so nach der morgendlichen Fütterung noch agil und bewegen sich gerne, während die abendliche Mahlzeit für die nötige »Bettschwere« sorgt. Katzen (besonders reine Hauskatzen) sollten nicht den ganzen Tag die Möglichkeit haben zu fressen. Sie werden dadurch nur dick und träge und können an nichts anderes mehr denken als ans Fressen.

### *Bewegung*

Der Ernährungszustand von Katzen steht übrigens in direktem Zusammenhang mit ihren Bewegungsaktivitäten: Wer viel läuft, der kann auch mehr fressen; wer gar nicht läuft, der will nur fressen. Viel Bewegung beugt außerdem Herz- und Kreislauferkrankungen, Stoffwechselerkrankungen sowie Fettleibigkeit vor.

Ebenso wie das Futter ist für Ihren Vierbeiner wichtig, dass er genügend trinkt. Dabei ist die Wasseraufnahme immer auch abhängig vom Nahrungsangebot.

Trockenfutter führt sicherlich zu einem höheren Wasserbedarf. Wenn Sie Ihrer Katze überwiegend Feuchtfutter geben, wird sie wesentlich weniger trinken. Ihre Katze werden Sie jedoch normalerweise kaum trinken sehen, da sie fast ihren gesamten Flüssigkeitsbedarf über die Nahrung abdeckt. Wenn Sie jedoch beobachten, dass sie mehr Flüssigkeit als sonst aufnimmt und sich ihre Urinproduktion steigert, kann dies schon ein erster Hinweis auf bestehende Erkrankungen sein. Sie sollten dies auf jeden Fall mit Ihrem Tierarzt besprechen.

*Verdauung*
Beim Kotabsatz Ihrer Katze achten Sie regelmäßig auf Menge, Konsistenz, Farbe, Beimengungen (Schleim, Blut u. a.) und Häufigkeit. Sie erhalten damit eine Vielzahl an Informationen, die im Fall einer Krankheit für die Diagnose des Tierarztes wichtig sind.

## Gesundheitscheck von Kopf bis Pfote

*Haut- und Fellveränderungen*
Um mögliche Krankheiten frühzeitig zu erkennen, sollten Sie sich Ihre Katze in regelmäßigen Abständen genauer ansehen. Beginnen Sie dabei mit Fell und Haut. Ist das Fell glatt und glänzend? Gibt es größere haarlose Stellen oder gar Haarausfall? Befinden sich Parasiten im Fell und auf der Haut?

Die Beurteilung des Fells ist eng gekoppelt an den Zustand der Haut. Veränderungen der normalen Haut können durch eine Vielzahl von Erkrankungen hervorgerufen werden. Rötungen, Schwellungen, Blutungen, Verfärbungen, Krusten, Schuppen, Pusteln, flächige Ekzeme, kreisrunde oder symmetrische Haarausfälle können Sie selbst leicht feststellen. Die Ursachen sind jedoch vielfältig und reichen von allergischen Reaktionen (Futtermittel-, Kontakt- und Flohspeichelallergie, Allergene aus der Umwelt u. a.) über hormonelle Störungen

(Erkrankungen der Schilddrüse, Nebenniere u. a.) sowie Stoffwechselerkrankungen und Parasiten bis hin zu Autoimmunkrankheiten (Entwicklung von Antikörpern gegen die eigenen Körpereiweiße).

Die Diagnose einer Hauterkrankung gestaltet sich oftmals sehr schwierig und ist nicht selten mit großem Aufwand verbunden (Blut- und Röntgenuntersuchungen, hormonelle Testverfahren, Anfertigung und Untersuchung von Hautstanzen u. a.). Allerdings sind fast 90 Prozent aller Hauterkrankungen auf einen Befall mit Flöhen zurückzuführen (s. Seite 110).

### *Augen*

Kommen wir nun zur näheren Betrachtung der Augen. Sie sollten auf die Farbe der Lidbindehäute achten, die normalerweise, das heißt bei der gesunden Katze, blassrosa sind. Sind schleimige Absonderungen oder eitriges Sekret zu sehen? Sehen Sie Tränenstraßen am nasenseitigen Augenwinkel? Ist das dritte Augenlid vorgefallen? Wie sieht die Hornhaut aus? Ist sie glatt, feucht, glänzend und ohne Auflagerungen? Wie sehen die Lidränder aus, sind sie nach außen oder nach innen gerollt? Befinden sich zusätzliche Haare auf dem Lidrand? Irritieren die Haare die Hornhaut?

All diese Veränderungen sind erste Zeichen für eine Erkrankung im Bereich des Auges, die nach Diagnose durch den Tierarzt entsprechend behandelt werden muss; sei es konservativ (lokal mit Augensalben und Augentropfen oder zusätzlich systemisch, das heißt mit Tabletten, Injektionen u. a.) oder gar chirurgisch.

### *Ohren*

Als Nächstes sollten Sie sich den Ohren ihres Vierbeiners widmen. Auch hier können Rötungen, Schwellungen, Sekret im Ohr oder an den Ohrrändern und Verletzungen an der Haut der Gehörmuschel ein erstes Indiz für Erkrankungen sein. Ein veränderter Geruch aus der Ohrmuschel muss ebenso beachtet werden wie verschiedene Verhaltensmuster. Hält Ihr Haustier den Kopf schief? Schüttelt es häufig den Kopf? Versucht es sich am Ohr zu kratzen?

Treten solche Veränderungen auf, liegt mit an Sicherheit grenzender Wahrscheinlichkeit eine Entzündung oder eine Veränderung am oder im Ohr vor.

Denken Sie auch an mögliche Fremdkörper im Ohr, wie beispielsweise Grannen, Tannennadeln o. ä.

Ist von Ihrem Tierarzt eine Ohrenentzündung diagnostiziert worden, wird er Ihnen Ohrentropfen oder eine Salbe mitgeben, die Sie nach seinen Anweisungen verabreichen sollen. Reinigen Sie den Gehörgang auf keinen Fall mit Wattetupfern (Q-Tips o. ä.). Sie bringen die Sekrettropfen nur noch weiter in die Tiefe und verschlimmern damit die gesamte Situation. Um Ohrenentzündungen zu verhindern, können Sie die Ohren Ihrer Katze vorbeugend ein- bis zweimal alle 2 Wochen reinigen und desinfizieren (Medikamentenliste Reiseapotheke).

### *Zähne*

Die Untersuchung der Zähne bzw. des Zahnfleischs sowie der Schleimhaut an den Lefzen ist ein weiterer wichtiger Teil unseres Gesundheitschecks. Die Zähne sollten möglichst frei von Ablagerungen (Verfärbungen durch Zahnstein), nicht abgebrochen und ohne Zahnschmelzdefekte sein. Das Zahnfleisch sowie alle anderen Schleimhäute der Mundhöhle sind bei gesunden Katzen normalerweise blassrosa gefärbt (Ausnahme: pigmentierte Schleimhautbereiche) und ebenfalls ohne Auflagerungen oder Schwellungen. Gerade bei unseren Katzen spielt die routinemäßige Gebisskontrolle eine wichtige Rolle. Zahnsteinbildungen sowie Zahnschmelzdefekte, genannt »Neck lesions«, führen bei Katzen nicht selten zum Verlust eines Zahns oder sogar mehrerer Zähne.

In den letzten Jahren sind derartige Veränderungen gehäuft aufgetreten, und in den meisten Fällen warten die Besitzer etwas zu lange, um entsprechende und zum Teil zahnerhaltende Therapiemaßnahmen einzuleiten.

Auch bei Katzen ist die Pflege der Zähne ein wichtiger Baustein für die Gesunderhaltung. Es gibt einige Möglichkeiten, angefangen bei Kaustrips bis hin zu Zahnpasta, Zahnbürsten und Mundspülungen.

### *Atmung*

Der nächste Punkt Ihrer Kontrolle befasst sich mit der Beurteilung der Atmung Ihrer Katze, die gleichmäßig und sowohl aus Brust- als auch aus Bauchatmung (costoabdominal) bestehen sollte, mehr dazu im Kapitel Erste Hilfe.

*Bauch*
Die Beurteilung des Bauchs bezieht den Bauchumfang und das Gesäuge, also die Zitzen, mit ein (sowohl bei männlichen als auch bei weiblichen Tieren). Sind Rötungen, Schwellungen, Verhärtungen oder Verletzungen zu erkennen? Befindet sich Flüssigkeit in den Zitzen? Im gleichen Zug kann auch der Nabel untersucht werden; nicht selten sind Nabelbrüche zu finden (kleine, meist weiche Schwellungen unterschiedlicher Größe im Nabelbereich), die im Allgemeinen harmlos sind und keine Komplikationen erwarten lassen. Nur bei größeren Brüchen muss das Tier operiert werden.

Das Durchtasten des Bauchs verlangt viel Übung und sollte deshalb Ihrem Tierarzt überlassen bleiben.

## Regelmässige Bewegung ist die beste Medizin

*Bewegungsapparat*
Schließlich widmen wir uns noch dem Bewegungsapparat. Die gleichmäßige Belastung aller vier Gliedmaßen ist wichtig, um Verschleißerscheinungen zu verhindern. Ebenso sollten keine Gliedmaße oder auch nur ein Teil davon geschwollen, übermäßig gerötet sowie vermehrt warm sein, da dies auf eine Entzündung hinweist.

Achten Sie genau darauf, wie Ihr Vierbeiner sich setzt, wie er wieder aufsteht, ob Lahmheiten anfänglich vorhanden, nach längerem Laufen aber wieder verschwunden sind und ob sich bestehende Lahmheiten bei Bewegung eventuell noch verstärken.

All dies sind Hinweise, die für die Diagnose wichtig sein können. Entscheidend ist auch das Alter Ihres Vierbeiners. Bei jungen Katzen sind Wachstumsfugen an den Knochen noch nicht verknöchert; starke Beanspruchung kann hier zu massiven Schmerzen führen. Es gibt zudem bei Jungtieren eine ganze Reihe von Knochenentwicklungsstörungen.

## Was ist vor und nach einer Operation wichtig?

*Bei den meisten chirurgischen Eingriffen ist eine Vollnarkose erforderlich, um plötzlich auftretende Abwehrreaktionen des Tiers zu verhindern und natürlich um sorgfältig und für den Patienten schmerzfrei operieren zu können.*
*Da sich die Tiere zu Beginn einer Narkose gelegentlich erbrechen (Gefahr des Verschluckens, wodurch Nahrung in die Lunge kommen kann), ist es notwendig, dass die Tiere vor der Operation 12, besser 24 Stunden nicht gefüttert werden. Sie sollten am Tag des Eingriffs also nüchtern sein.*
*Außerdem sollten die Patienten vor einer Operation noch Urin und Kot absetzen, da sich eine volle Blase oder ein voller Darm im Verlauf der Operation entleeren kann.*
*Am Abend nach der Operation sollten Sie das Tier noch nicht füttern, Wasser kann in kleinen Mengen gegeben werden.*

*Je nach Art des Eingriffs sowie Zustand des Patienten wird Ihnen Ihr Tierarzt noch besondere Verhaltensmaßregeln (Bewegungseinschränkung, Leckschutz, Diätmaßnahmen, Medikamentengabe etc.) an die Hand geben, die Sie auf alle Fälle befolgen sollten. Haben Sie bei Unklarheiten – welcher Art auch immer – keine Hemmungen und erkundigen Sie sich bei Ihrem Tierarzt!*

Denken Sie daran, dass junge Tiere noch nicht zu sehr belastet werden sollten. Zu viel Vorsicht ist allerdings auch nicht angebracht. Sie müssen Ihr Haustier nicht bei der kleinsten zu überwindenden Stufe tragen.

Eine gute, regelmäßige Belastung ist für den Heranwachsenden ein Muss, um genügend und ausreichend kräftige Muskulatur aufzubauen.

## Womit Katzen ihre Markierung setzen

### *Analdrüsen*

Eine »Problemzone« sei hier noch angeführt: der Analbeutel oder die Analdrüse. Das Sekret der Analbeutel – im Normalfall von wässrig-breiiger Konsistenz und intensivem Geruch – wird bei jedem Kotabsatz entleert und dient als Geruchsmarkierung, sozusagen als individuelle Duftnote. Der Inhalt der Analdrüse kann sich aber auch eindicken und zu einer pastösen Masse werden, die nur schwer zu entleeren ist. In diesem Fall füllt sich der Analbeutel weiter und es folgen mehr oder weniger heftige Beschwerden. Bei sehr dicken Katzen können die Ausführungsgänge weiter in Richtung After bzw. Enddarm verlagert sein, so dass selbst bei normaler Konsistenz die Entleerung Schwierigkeiten bereitet.

***»Schlittenfahren«***

Sammelt sich übermäßig viel Sekret an, führt dies zu starkem Juckreiz, der sich in dem typischen Symptom des »Schlittenfahrens« äußert. Zudem haben die Tiere Probleme beim Kotabsatz, verbunden mit starken Schmerzen. Sie versuchen häufig, sich seitlich des Afters zu beißen oder zu benagen, wodurch zusätzliche Hautveränderungen entstehen (Haarausfall, Hautrötungen).

Komplikationen ergeben sich, wenn Bakterien zusätzlich hinzukommen. Es entstehen ein- oder beidseitige Analbeutelvereiterungen, die nach außen hin durchbrechen können und häufig mit starken Schmerzen und Fieber einhergehen.

## Eine Massage für Ihre Katze

*Die Analbeutel, die paarweise angeordnet sind, werden im Allgemeinen bei jedem Kotabsatz entleert. Ist diese Funktion gestört, können Sie versuchen, mit Daumen und Zeigefinger die Analbeutel zu ertasten und das Sekret nach hinten auszumassieren.*

*Aufgrund individueller anatomischer Gegebenheiten oder bei Patienten mit breiigem oder dünnflüssigem Kot (der weiche Kot drückt beim Kotabsatz nicht genügend gegen die Analbeutel, um deren Inhalt zu entleeren) kann das Sekret im Analbeutel verdicken. Zusätzlich auftretende Bakterien führen häufig zu Abszessen.*

*Die Therapie richtet sich nach Art und Schwere der Symptome:*

- *manuelles Entleeren*
- *Spülung und Einbringen von Medikamenten mit einer Spezialkanüle*
- *Spaltung und Spülung des Abszesses mit begleitender Antibiotikabehandlung*
- *chirurgische Entfernung der Analbeutel*

Bei den genannten Symptomen muss auf jeden Fall der Tierarzt konsultiert werden. Die Behandlung umfasst in der Regel die Spaltung und Spülung des Abszesses, die Spülung eines oder beider Analbeutel, lokale Antibiotikagaben sowie die Verabreichung von Antibiotika in Tablettenform oder als Injektionen. Der Patient muss zusätzlich am Belecken oder Benagen des stark entzündlichen Bereichs gehindert werden, notfalls mit einem Halskragen. Als letzte Möglichkeit können die Analdrüsen entfernt werden. Dieser Eingriff sollte aber nur von einem chirurgisch versierten Tierarzt durchgeführt werden, da sich in unmittelbarer Nähe der Analbeutel muskuläre Strukturen des Enddarmes und des Afters befinden, die wichtig für den normalen Kotabsatz sind.

## Die richtige Pflege

Eine gute Pflege Ihres Vierbeiners ist auf alle Fälle abhängig von der Rasse, oder besser gesagt davon, ob Ihre Katze ein langes oder kurzes Fell besitzt.

Es ist einleuchtend, dass Katzen mit kurzem Fell einer nicht so intensiven Fellpflege bedürfen. Anders ist dies bei »Langhaarkatzen«. Hier muss das Fell fast täglich auf Verklettungen, Verfilzungen o. ä. hin kontrolliert werden.

An den verwendeten Bürsten und Kämmen sollten keine zu spitzen Zinken sind, da diese die Haut verletzen können. Die kleinen Flohkämme, die es inzwischen in sehr vielfältigen Ausführungen gibt, sollten in keinem Katzenhaushalt fehlen. Sie können beim Durchkämmen des Fells kleinste Verfilzungen lösen und zusätzlich Flöhe und Flohkot aus dem Fell holen; sie bieten also eine weitere Möglichkeit, den Flohbefall rechtzeitig zu erkennen und dementsprechend konsequent zu behandeln.

Zu den Shampoos sei gesagt, dass nur solche verwendet werden sollten, die entweder vom Tierarzt verordnet oder speziell für Katzen hergestellt wurden. Shampoos für Menschen haben bei der Katze nichts zu suchen! Die zugesetzten Parfümstoffe und Konservierungsmittel rufen nicht selten allergische Hautreaktionen hervor.

Noch einige Worte zur Fuß- und Krallenpflege: Normalerweise müssen bei Katzen die Krallen nicht ständig gekürzt werden. Ausgenommen davon sind evtl. die Daumenkrallen an den Vorderbeinen. Die Kontrolle der Krallen ist allerdings besonders wichtig, wenn Sie einen reinen Stubentiger haben, der sich nicht regelmäßig die Krallen schärft. Ebenso sind ältere oder kranke Katzen häufig nicht in der Lage, ihre Krallen in einer normalen Form zu halten.

Frakturen, Verletzungen oder Erkrankungen an den Krallen sowie angeborene Fehlstellungen können ein Fehlwachstum verursachen. Sie als Besitzer sind dann gefordert, die Krallenpflege zu kontrollieren und gegebenenfalls zu korrigieren.

Dazu ist es notwendig zu wissen, wie eine normale Kralle auszusehen hat. Das so genannte Leben der Krallen macht nur einen kleinen Bereich aus. Ohne Probleme können die Krallenspitzen daher mit Hilfe eines Nagelknipsers auf das notwendige Maß gekürzt werden. Dabei ist jedoch stets darauf zu achten, dass Sie die Krallen nicht zu weit kürzen, also in das Leben hinein kürzen, was zu spontanen Abwehrreaktionen und mitunter zu heftigen Blutungen führen kann. Abhilfe schafft in einer solchen Situation ein kleiner Verband (s. Seite 37).

Bedenken Sie aber, dass die Krallen der Katze häufig

nur dem Besitzer zu spitz oder zu scharf sind. Die Katze hingegen verlässt sich auf Ihre Krallen, da sie diese beim Klettern, Springen und Beutefang benötigt.

Trotz allem sehen wir in der täglichen Praxis immer noch Bilder von eingewachsenen Krallen *(siehe Bild 1 im Bildteil)*. Die Korrektur dieses Fehlwachstums ist für die Katze nicht nur schmerzhaft, sondern auch mit einer mehrtägigen Behandlung verbunden (inklusive Verband und systemischer Antibiotika-Behandlung).

Deshalb also nochmals mein Appell an Sie: Kontrollieren Sie des öfteren die Krallen bei Ihrer Katze und korrigieren Sie gegebenenfalls ein vorhandenes Fehlwachstum. Sie können sich und Ihrer Katze einen vermeidbaren Tierarztbesuch ersparen.

## Kratzbäume

Die Krallen einer Katze sind für die artgerechte Haltung sowie ihr artgemäßes Verhalten zwingend notwendig. Aus diesem Grund ist eine Amputation der Krallen (in den USA durchaus üblich) in Deutschland laut Tierschutzgesetzt ohne medizinische Indikation nicht zulässig.

Das Kürzen der Krallenspitzen bietet bei zu scharfen Krallen oft nur eine kurzfristige Lösung, da die Krallen innerhalb von 2–3 Wochen wieder ihre alte Form erreicht haben. Das selbständige Schärfen der Krallen ist ein instinktives und nicht zu verhinderndes Verhaltensmuster der Katze, um überflüssige, alte Krallenhülsen zu entfernen, die Muskulatur von Krallen und Zehen zu trainieren und Duftmarken (aus den Duftdrüsen der Ballenhaut) zu setzen.

Bei der Haltung von Katzen als Haustiere oder sogar als reine Stubenkatzen ist es deshalb besonders wichtig, dass Kratz-, Kletter- oder Sprungmöglichkeiten für das Tier vorhanden sind. Zudem beugen Sie damit Verhaltensauffälligkeiten Ihrer Katze vor.

Kratzbäume (es gibt sie in den unterschiedlichsten Ausführungen), die mit alten Kleidungsstücken von Ihnen oder Hanfseilen umwickelt werden können, oder Sisalmatten, die auch an mehreren Stellen in der Wohnung aufgestellt bzw. ausgelegt sein sollten, verhindern weitestgehend das Bespringen oder Zerkratzen von wertvollen Einrichtungsgegenständen.

Sie müssen aber immer daran denken, dass Sie einen reinen Stubentiger nicht nur auf die ihm zugedachten Kratzbäume oder Matten dressieren können, denn die Katze versteht die Wohnung als ihr Revier, und sie hat leider nicht die Gabe, eine Apfelsinenkiste von einem Designermöbel zu unterscheiden.

## Katzentoilette

Katzen können nicht zur Sauberkeit erzogen werden, sie haben jedoch ein angeborenes Verhalten zu natürlicher Sauberkeit. Voraussetzung ist allerdings, dass die von Ihnen bereitgestellte Katzentoilette von der Katze angenommen wird.

Dabei sind einige Punkte wichtig: Die Katzentoilette sollte von Größe und Form her so sein, dass die Katze genügend Platz hat, um ihre »Geschäfte« (inkl. ausreichendem Scharren) zu verrichten. Geeignet sind große, flache Schalen, die beim Betreten des Randes durch die Katze nicht umkippen können. Der Ort innerhalb der Wohnung (besser sind zwei Toiletten an verschiedenen Stellen) ist wichtig; die Toilette sollte störungsfrei, nicht zu hell oder dunkel und in einiger Entfernung vom Futterplatz aufgestellt werden.

Bei der Einstreu gibt es eine große Auswahl an unterschiedlichen Materialien. Die meisten von ihnen binden Feuchtigkeit und Geruch ausreichend, so dass die Toilette auch ein weiteres Mal von der Katze benutzt werden kann. Grundsätzlich müssen die Toiletten aber täglich gereinigt und die Einstreu erneuert werden.

Bei der Wahl der Einstreu (Späne, Katzenstreu, Sand, Zellstoff o. ä.) sollten Sie durchaus verschiedene Einstreuarten ausprobieren und so auf die Wünsche Ihrer Katze eingehen. Ist die Katze auf einmal nicht mehr sauber, so kann dies unterschiedliche Ursachen haben:

- die Katze ist zu lang in der Wohnung allein
- die Einstreu ist ungeeignet
- die Katzentoilette ist nicht sorgfältig gereinigt
- es werden die falschen Reinigungs- oder Desinfektionsmittel verwendet
- die Katze ist eine andere Katzentoilette gewohnt
- die Toilette befindet sich an einem ungeeigneten Ort

- zwei oder mehr Katzen teilen sich nur eine Katzentoilette

Versuchen Sie herauszufinden, was der Grund für das veränderte Verhalten Ihrer Katze ist. Mittlerweile gibt es auch eine Vielzahl von Tierärzten, die sich mit Verhaltensproblematiken unserer Vierbeiner beschäftigen.

## Spielzeug

Im Vergleich zu Hunden haben Katzen einen weitaus stärker ausgeprägten Spieltrieb. Durch diesen erlernen und verfeinern unsere Stubentiger ihr Beutefangverhalten, das in freier Natur lebensnotwendig ist.

Für reine Hauskatzen ist Spielzeug, das auch häufiger gewechselt werden kann, nicht nur wichtig, um den Spieltrieb ausreichend zu befriedigen, sondern auch oder gerade, um überschüssige Aggressionen abzubauen. Damit verhindern Sie das Auftreten möglicher Verhaltensstörungen bei Ihrer Katze.

Bei der Auswahl des Spielzeugs müssen Sie darauf achten, dass es weder beim Zerbeißen noch beim Verschlucken zu Verletzungen führen kann, wobei das Verschlucken grundsätzlich vermieden werden sollte. Problematisch können beispielsweise die Glasaugen von Fellmäusen sein. Gut geeignet als Spielzeug sind kleine Papier- oder besser Tischtennisbälle, die die Schnelligkeit der Katze ausgesprochen gut trainieren. Auch Papier-, Woll- oder Stoffteile, an Fäden aufgehängt, bieten eine für die Katze interessante Abwechslung beim Springen und Fangen.

Mit anderen Spielsachen, wie z. B. Wollmäuse, Hasenpfoten etc. wird Ihre Katze ebenfalls gerne spielen, sie bieten ihr aber keine gute Möglichkeit zum Trainieren ihrer Schnelligkeit.

Ausdrücklich warnen möchte ich Sie vor folgendem »Spielzeug«: Stanniolpapierröllchen, lange Wollfäden, Fäden aus Garn mit evtl. noch anhängender Nadel, Lametta (zur Weihnachtszeit), Geschenkbänder u. v. m. Allesamt können gravierende Verletzungen hervorrufen (Darmverschluss, Einspießen in Zunge, Kehlkopf, Speiseröhre oder im gesamten Magen-Darm-Kanal).

## Verbände richtig anlegen

Hat sich Ihre Katze doch einmal verletzt, so ist es häufig wichtig, schnell den geeigneten Verband anzulegen. Neben den Verbandstechniken ist vor allem die richtige Auswahl des Verbandsmaterials entscheidend. Grundsätzlich sollte ein Verband aus vier Komponenten zusammengesetzt sein *(siehe Bild 2)*: Wundabdeckung (fusselfreier Tupfer oder Wundkompresse), Polsterwatte, elastische Binde (evtl. Mullbinde) sowie Pflaster oder Tapeverband (ein sehr fester Pflasterverband).

## Der Druckverband

Je nach Art und Anlegen eines Verbandes unterscheiden wir generell zwischen einem Druck- oder einem Polsterverband.

### Wunden nur mit Wasser reinigen

*Eine wichtige Bemerkung zur Erstversorgung von Wunden möchte ich hier voranstellen: Säubern Sie die Wunden nur mit Wasser, geben Sie vor dem notwendig werdenden Tierarztbesuch weder Puder noch Salben auf die Wunden. Sie erschweren damit nur unnötig die erforderlichen tierärztlichen Maßnahmen und können im Gegenteil – durch eine gutgemeinte, aber verkehrte Erstversorgung – den komplikationslosen Heilungsverlauf drastisch behindern.*

Der Druckverband kommt nur bei stark blutenden Wunden an Ohr, Rute, Vorder- oder Hinterbeinen vom Ellbogen bzw. Knie abwärts, seltener an Bauch und Brust zur Anwendung.

Oberstes Ziel dieses Verbandes ist es, eine bestehende Blutung zu stoppen, um weitere Blutverluste zu vermeiden und die Zeit bis zum Eintreffen beim Tierarzt zu überbrücken *(siehe Bild 3)*.

*Knebelverband*
Die stark blutende Wunde wird mit einer Kompresse abgedeckt und im zweiten Schritt mit einer elastischen Binde umwickelt. Bei Verletzungen im Pfotenbereich können zusätzlich Socken oder Plastiktüten als Abdeckung des Verbands dienen. Sind größere Venen oder gar Arterien unterhalb von Ellbogen oder Knie getrennt, können Sie durch Anlegen eines Knebelverbandes (mit Hilfe eines Stocks und eines Sockens, einer Krawatte o. ä.) eine vorübergehende Blutleere erreichen. Dieser Verband kann etwa 2–3 Stunden auf der Wunde bleiben, ohne dass Folgeschäden für die betreffende Gliedmaßen entstehen *(siehe Bild 4)*.

## Der Polsterverband

*Pfotenverband*
Bei diesem Verband ist höchstes Augenmerk auf das Abpolstern der Zwischenzehenbereiche inklusive der Daumenkralle zu legen *(siehe Bild 5)*.

Das Polstern verhindert Druckstellen zwischen den einzelnen Zehen. Nach dem Abdecken der vorhandenen Wunde wird die Pfote mit Watte und in einem weiteren Schritt mit einer elastischen Binde umwickelt *(siehe Bild 6)*.

Zum Abschluss wird ein Pflaster- oder Tapeverband angelegt. Das sehr stark klebende Material wird jeweils zur Hälfte auf den Verband und locker auf das Fell gelegt und muss anschließend fest angedrückt werden. Zu fest angelegte Pflaster- oder Tapeverbände können zu starken Stauungen im Bereich der Pfoten führen, die Schwellungen, Schmerzen und Lahmheit der entsprechenden Gliedmaßen und in der Folge Abwehrverhalten und Benagen des Verbandes durch den Patienten nach sich ziehen *(siehe Bild 7)*.

Ein Pfotenverband sollte nicht länger als 2 Tage auf der Wunde bleiben.

## Verband der Beine oberhalb der Pfoten

Nachdem die Wunde gereinigt und mit fusselfreiem Material abgedeckt ist, wird sie auch hier mit Watte und einer elastischen Binde umwickelt. Der Pflaster- oder Tapeverband muss nun wie beim Pfotenverband ober- und unterhalb der elastischen Binde auf das Fell gelegt und angedrückt werden. Ist die Wunde in der Nähe eines Gelenks, müssen Sie auf die Stellung des Gelenks (z. B. Sprunggelenk) achten, da das Tier sonst zu sehr in seiner Bewegung eingeschränkt wird *(siehe Bild 8)*.

Dieser Verband kann, unter der Voraussetzung, dass keine offene Verletzung vorliegt, bis zu 4 Tagen am Bein bleiben. Bei infizierten Wunden sollte der Verband allerdings ein- bis zweimal am Tag gewechselt werden, vor allem wenn größere Hautpartien betroffen sind.

## Kopf- oder Kopf-Hals-Verband

Befinden sich an den Ohren oder auf der Haut im Nacken- und Halsbereich durch Biss-, Schnitt- oder Stacheldrahtverletzung o. ä. Wunden, müssen Sie diese bis zum Arztbesuch mit einem Kopf- oder Kopf-Hals-Verband versorgen.

Grundsätzlich wird hier wie bei allen anderen Verbänden verfahren. Der einzige Unterschied ist die Wicklung. Ist z. B. ein Ohr verletzt, wird die Wunde abgedeckt, das Ohr parallel zum Kopf gelegt und nun der Verband mit der ersten Lage Watte begonnen, ohne das zweite Ohr mit einzuwickeln *(siehe Bild 9 und 10)*. Sind beide Ohren verletzt, müssen natürlich beide in den Verband mit einbezogen werden.

Elastische Binde und Tapeverband werden entsprechend gewickelt, auf das Fell gelegt und festgedrückt.

Achten Sie darauf, dass Sie vor Anlegen des Tapeverbands locker mit zwei Fingern unter den Verband kommen, um den Hals des Patienten nicht unnötig einzuengen und die Atmung dadurch zu erschweren.

Wird nur ein Ohr eingebunden, kann der Verband auch bei stärkerem Schütteln des Kopfs nur schwer verrutschen. Außerdem wird dieser Verband von den Patienten recht gut toleriert.

Wird der Kopf-Verband trotz allen Komforts von der Katze nicht toleriert – was nicht selten der Fall ist – muss zusätzlich noch ein Halskragen angelegt werden. Dieser verhindert, dass die Katze sich den Verband mit den Pfoten abstreift.

## Brust- und Bauchverband

Größere Verletzungen im Brust- oder Bauchbereich müssen auf alle Fälle von Ihnen mit einem Verband erstversorgt werden.

Auch hier verfahren Sie nach dem bereits bekannten Prinzip: Abdeckung, Watte, elastische Binde und Tape. Damit der Verband nicht verrutscht, müssen die einzelnen Lagen des Verbands auch den Schultergürtel mit einbeziehen, d. h., Sie legen den Verband in so genannten Achtertouren an *(siehe Bild 11, 12 und 13)*.

### *Stülpa-Verband*

Diese Verbandstechnik bietet sich als Sonderform des Brust- und Bauchverbands bei Katzen an.

Nach Abmessen der benötigten Länge (Faustzahl: das etwa 2,5-fache der Körperlänge) wird der Verbandsschlauch über den Kopf der Katze gezogen.

Danach schneidet man in Höhe der Vordergliedmaßen zwei Löcher in den Verband, um die beiden Vorderbeine hindurch zu stecken. Der Verband wird nun weiter über den gesamten Körperstamm nach hinten gezogen.

In 12-Uhr- bzw. 18-Uhr-Position erfolgt das Einschneiden des Verbands. Die beiden Verbandshälften werden nochmals in der Mitte geteilt.

Die nun entstandenen vier Verbandsstreifen werden mit den Enden, unter Freilassung der beiden Hinterbeine, rechts und links neben dem Rutenansatz verknotet. Den Abschluss bildet ein Klebestreifen am Halsteil des Verbands *(siehe Bild 14)*.

Diese Verbandstechnik hat sich in der Praxis gut bewährt und bietet für den Patienten eine gute Alternative zu dem nicht gerade komfortabel zu tragenden Halskragen. Je nach Verschmutzung kann ein solcher Verband ohne weiteres 5–10 Tage an der Katze bleiben.

## Rutenverband

In der Praxis kommt es relativ häufig vor, dass ein Rutenverband angelegt werden muss. Mit ihm werden Biss- und Rissverletzungen versorgt, aber auch Wunden, die sich das Tier zuzieht, wenn es mit dem Schwanz an harten Gegenständen aufschlägt.

Dabei ist besonders an der Rute auf das feste Andrücken des Tapeverbands zu achten, da dieser von Katzen in aller Regel als sehr störend empfunden wird und die Patienten stets versuchen, den Verband durch heftiges Schlagen mit dem Schwanz abzustreifen.

### Was ist bei der Versorgung von Wunden zu beachten?

- *Reinigung der Wunden nur mit Wasser;*
- *vor dem Besuch beim Tierarzt keine Wundabdeckung mit Salben, Puder o. ä.;*

- *Wundabdeckung nur mit fusselfreiem Material;*
- *eine vorübergehende Schienung (Stützung eines Gelenks, Stabilität bei einem Knochenbruch) kann mit einem Spatel oder Stock erreicht werden, der zwischen elastische Binde und Tapeverband eingelegt wird und den eigentlichen Verband nicht überragen darf, da sonst Folgeverletzungen entstehen können;*
- *Schutz des Verbands vor Nässe: zusätzliche Abdeckung mit einer Plastikhülle und einer Socke, die in der Wohnung wieder entfernt werden kann;*
- *Verbände nie länger als 2–4 Tage belassen, bei infizierten Wunden empfiehlt sich sogar ein täglicher Wechsel;*
- *wird der Verband häufiger gewechselt, sollten Sie die Höhe der Wickelung variieren, damit nicht immer dieselben Hautstellen abgedeckt bleiben;*
- *versuchen Sie, das Belecken oder Benagen des Verbands durch den Patienten zu verhindern (Bestreichen mit Rheumamilch, Abdecken von Bauch- oder Brustverbänden durch T-Shirt, Halskragen);*
- *Katzen tolerieren Verbände an Pfoten, Beinen oder am Schwanz nur sehr selten, ein Halskragen ist hier der beste Schutz;*
- *die Patienten sollten während der Dauer der Behandlung in der Wohnung bleiben.*

# Kippfenster-Problematik

Hinter dem Kippfenster-Syndrom verbirgt sich mit einer der schlimmsten Notfälle, vor dem sich Katzenbesitzer fürchten. Der Freiheitsdrang Ihrer Stubentiger führt immer wieder dazu, dass sie jede Gelegenheit nutzen, um ins Freie zu gelangen, selbst verschlossene Türen sind für einige Katzen kein Problem. Nur das in Kippstellung positionierte Fenster birgt eine große Gefahr. Die Katzen erkennen die vermeintliche Möglichkeit ins Freie zu gelangen und wollen sie natürlich nutzen. Sie springen oder klettern in Richtung Freiheit und bleiben dann im Spalt des Fensters hängen. Der vordere Teil bis zum Zwerchfell ist bereits außerhalb, der hintere Teil der Katze befindet sich noch innerhalb der Wohnung. Die vier Gliedmaßen der Katze haben zum Teil keinen Kontakt zum festen Untergrund und so rutscht die Katze in den immer spitzer zulaufenden unteren Teil des Fensterspalts. Dabei wird meist der Bauchbereich stark gequetscht und es kommt nicht selten zu sehr schwerwiegenden inneren Verletzungen der Katze. Dies ist aber nicht das Hauptproblem.

Sie müssen sich in die Lage der Katze hineinversetzen. Das Tier versucht nun permanent, sich aus dieser misslichen Lage zu befreien, schafft es aber in den meisten Fällen nicht. Die Versuche werden immer vehementer; die Katze gerät in einen Zustand der völligen Erschöpfung. Atem- und Herzfrequenz steigen enorm an, die Energiespeicher (Glykogen) erschöpfen sich. Der

Schock ist die unvermeidliche Folge dieses Überlebenskampfes, abhängig natürlich von der Zeit, die die Katze im Fensterspalt verbringen muss.

Wird die Katze rechtzeitig gefunden und aus ihrer Lage befreit, sind häufig neurologische Ausfallserscheinungen der Hintergliedmaßen die Folge. Die Tiere können die Kniegelenke nicht mehr strecken und sich damit nicht mehr auf den Beinen halten. Eine gezielte Behandlung mit Infusionen, Kortikosteroiden sowie Bewegungstherapie können Spätfolgen unter Umständen verhindern.

Vorbeugen können Sie hier zunächst nur, indem Sie die Fenster schließen. Es gibt aber mittlerweile auch so genannte Kippfenstereinsätze. Falls Ihre Katze zu den »Freigängern« gehört, sollten Sie natürlich auch überlegen, ob eine Katzenklappe angebracht werden kann.

## Tätowierung

Aus alten Westernfilmen ist uns die Prozedur hinlänglich bekannt: Rinder und Pferde werden »gebrannt«, um die Besitzrechte unübersehbar festzuhalten. Doch auch bei Haustieren kann es sinnvoll sein, sie mit einem »Zeichen« zu versehen. Heutzutage gibt es zwei Möglichkeiten der Tätowierung:

- Zahlen und Buchstaben werden mit einer Zange in die Haut gestanzt und anschließend mit Tätowierfarbe gefärbt (eine nicht ganz schmerzfreie Prozedur, die meist unter Vollnarkose durchgeführt wird) *(siehe Bild 15)*,
- die elektronische Markierung mit Mikrochip und Antenne in Miniformat in einer Bioglasröhre *(siehe Bild 16)*.

Beide Methoden bieten eine gute Möglichkeit der Kennzeichnung und haben sich bei der Rettung von Unfalltieren oder bei Verlust (Entlaufen, Diebstahl) bewährt. Natürlich müssen dazu aber auch alle Angaben zu dem entsprechenden Tier in einer zentralen Datenbank gespeichert sein.

## Elektronische Markierung

Die elektronische Tätowierung hat eindeutig Vorteile. Sie ist einfach und schnell durchführbar und bietet eine schmerzfreie, fälschungssichere und dauerhafte (lebenslang lesbare) Alternative zur herkömmlichen Markierung. Die Daten sind zudem international verfügbar.

Bei dieser Kennzeichnung wird ein vorbereiteter Transponder mit Hilfe einer eigens dafür entwickelten Kanüle unter die Haut (linke Halsseite) gebracht – ohne Narkose. Mit einem speziellen Lesegerät kann das Tier nun über eine Nummer identifiziert werden, die zentral gespeichert und im Impfpass des Tieres eingetragen wird. Grundsätzlich können alle Tiere auf diese Weise markiert werden. Die Nachteile herkömmlicher Tätowierung, wie Manipulierbarkeit, Verblassen der Farbe im Lauf der Zeit, Nichtkorrigierbarkeit von Tätowierfehlern sowie die Schmerzen für das Tier bei der Tätowierung, um nur einige zu nennen, sind bei der elektronischen Markierung nahezu ausgeschlossen.

Für die Einreise nach Norwegen und Schweden ist entweder die von außen sichtbare Tätowierung mittels Zange und Tätowierfarbe oder die elektronische Tätowierung vorgeschrieben. Seit April 2000 wird für die Einreise nach Großbritannien nur noch die elektronische Tätowierung anerkannt (s. Seite 160). Auch aufgrund der besseren Erkennung im Reiseverkehr wird die elektronische Markierung die ältere »Zangenmethode« mit Sicherheit bald abgelöst haben.

# Mit der Katze auf Reisen

## Urlaubsplanung

Kaum jemand möchte heute auf seine Urlaubsreise verzichten. Da kann es nicht ausbleiben, dass auch Ihr Vierbeiner mit Ihnen auf Tour geht. Wenn Sie eine Reise mit Ihrem Haustier planen, versuchen Sie doch einmal, den Urlaub mit seinen Augen zu sehen: Geht es in die Berge oder ans Meer? Welche Jahreszeit ist gerade im Urlaubsland und welche Temperaturen herrschen vor? Können auf Tier oder Mensch Krankheitserreger übertragen werden?

Als Besitzer sollten Sie sich aber auch rechtzeitig über die Einreisevorschriften in andere Länder informieren.

## Impfungen

Die Vorschriften sind je nach Land unterschiedlich. Das reicht von gültigen Tollwutimpfungen über zusätzliche internationale Gesundheitszeugnisse bis hin zu amtstierärztlichen Bescheinigungen. Unter Umständen sind auch die Tätowierung und eine Entwurmung vor Einreisebeginn erforderlich. Großbritannien, Schweden und Norwegen haben spezielle Einreisebedingungen ausgegeben, beispielsweise muss ein ausreichender Tollwutantikörpertiter bei der Katze nachgewiesen sein. Erkundigen Sie sich diesbezüglich bei Ihrem Tierarzt.

Eine rechtzeitige Untersuchung Ihres Haustiers (verbunden mit der Wiederauffrischung der erforderlichen Impfungen) erspart Ihnen im Urlaub manche Schwierigkeiten, zumal nicht jeder Urlaubsort einen praktizierenden Tierarzt hat.

Am Ende dieses Buches finden Sie eine derzeit gültige Liste über die Einreisebestimmungen einiger Länder sowie die genauen Einreisebestimmungen für Großbritannien, Norwegen und Schweden. Im Zweifelsfall können Sie sich auch bei den Konsulaten der entsprechenden Länder erkundigen.

## Unterwegs

Am Tag der Reise sollte das Tier nicht allzuviel fressen. Es ist empfehlenswert, Wasser bereitzuhalten und alle 2–3 Stunden anzubieten. Gönnen Sie sich und Ihrem Haustier alle 3–4 Stunden eine längere Pause, um alle »Geschäfte« zu erledigen.
Im Privatauto sollten Sie für eine gute Lüftung sorgen. Bei Reisen mit Bahn, Schiff, Bus oder Flugzeug gelten eigene Bestimmungen, informieren Sie sich beim Reiseveranstalter.

### Was im Katzen-Koffer nicht fehlen darf

- *Futter- und Wassernapf*
- *evtl. Fertigfuttervorräte*
- *evtl. Dosenöffner und Löffel für das Futter*
- *Katzentoilette inkl. Einstreu*
- *Kamm, Bürste, Decken*
- *Spielzeug*
- *Reiseapotheke*

- *Erste-Hilfe-Ausrüstung*
- *Impfpass (evtl. zusätzlich Gesundheitsbescheinigung oder amtstierärztliche Bescheinigung)*
- *Liste der bisher verabreichten Medikamente (denken Sie auch an evtl. vorhandene Medikamentenallergien)*
- *Adresse Ihres Haustierarztes*

Längere Reisen und Transporte sind für die meisten Katzen eine ungewohnte Anstrengung. Aus diesem Grund sollten Sie bei der Auswahl bzw. beim Kauf eines Transportbehälters auf alle Fälle einige Punkte beachten.

Es dürfen keine scharfen Kanten, spitze Ecken o. ä. vorhanden sein, die zu Verletzungen führen könnten. Metallteile sollten nicht lackiert sein (Vergiftungsgefahr). Die Behältnisse müssen außerdem gut belüftet, leicht zu reinigen und der Größe Ihres Hausgenossen angepasst sein. Ein stabiler Halt muss ebenfalls gewährleistet sein (Tragegriffe, Verschlüsse).

Der Zugriff sollte am besten von oben, besser noch zusätzlich von der Seite möglich sein. Ein schlechtes Beispiel bieten Körbe mit nur einer sehr kleinen Eingriffmöglichkeit, da Katzen, die nicht sehr kooperativ sind, nur mit äußerster Schwierigkeit aus einem solchen Korb herauszubringen sind.

Beim Transport im Auto muss auch auf kurzen Strecken, z. B. zum Tierarzt, darauf geachtet werden, dass der Korb gut befestigt ist und bei schnellen Lenk- oder Bremsmanövern nicht herumfliegen kann.

## Die Reiseapotheke für den Notfall

Eine kleine Reiseapotheke für Ihren Vierbeiner im Urlaubsgepäck zu haben, kann Sie und Ihr Tier vor mancher schlechten Erfahrung bewahren. Ich möchte ausdrücklich betonen, dass die hier aufgeführten Medikamente nur eine kleine Auswahl der auf dem Markt erhältlichen Mittel darstellen. Abzuwägen zwischen den Präparaten, die erforderlich und nützlich sind oder zusätzlich mitgenommen werden, möchte ich jedem Besitzer persönlich überlassen, denn er kennt sein Tier und dessen Bedürfnisse am besten und kann am ehesten einschätzen, für welche Erkrankungen das Tier anfällig ist.

Ich bin der Meinung, dass jeweils eine Augen-, Ohren- und Wundsalbe sowie Buscopan, MCP und evtl. Metacam-Tropfen für eine Notapotheke völlig ausreichen. Zusätzlich dürfen natürlich die Medikamente nicht vergessen werden, die im Rahmen einer Dauermedikation (wenn Ihre Katze Herzpatient, Diabetiker, Epileptiker o. ä. ist) verordnet werden. Eine Erste-Hilfe-Ausrüstung sollte die Reiseapotheke ergänzen (s. Seite 69).

Wenn Sie noch Fragen haben, wird Ihnen Ihr Tierarzt sicher gerne weiterhelfen. Wenn Sie mit Ihrem Tier ins Ausland fahren, können Sie mit dem Tierarzt auch abklären, welche Impfungen nötig sind.

An dieser Stelle möchte ich nochmals an Sie appellieren: Informieren Sie sich vor der Reise über die Bedingungen an Ihrem Zielort!

| **Was muss behandelt werden** | **Was hilft?** | **Medikament (Hersteller)** |
|---|---|---|
| Auge | antibiotikahaltige Augensalbe/Augentropfen, evtl. zusätzlich | Lacrybiotic (Selectavet) |
| | Tränenersatzflüssigkeit, evtl. zusätzlich | Thilotears (Alcon Thilo) |
| | Spüllösung | Ophto Lavas (Chassot) |
| Durchfall | | Floracid-Tabletten (Albrecht) Buscopan-Zäpfchen (Boehringer) |
| Erbrechen | Metoclopramidtropfen (Paspertin), | MCP-ratiopharm |
| | evtl. zusätzlich Puffer gegen überschüssige Magensäure | Gastrodog-Tabletten (Selectavet) |
| Ohr | Ohrensalbe, evtl. zusätzlich Reinigungsflüssigkeit | Fucidine (Boehringer) Kamille-Ohrreiniger (Albrecht) |
| Schmerzen | | Metacam-Tropfen (Boehringer) |
| Wunden und Ekzeme | cortisonhaltige Salbe, | Delmeson-Creme (Hoechst) |
| | antibiotikahaltige Salbe, | Sulfonamid-Lebertransalbe (WDT) |
| | evtl. zusätzlich zur Unterstützung | Chloramphenicol-Spray (Albrecht), Furacin-Sol (Procter & Gamble) oder Lotagen-Gel (Essex) |

Erste Hilfe

# Erste Maßnahmen am Unfallort

Eine der schwierigsten Aufgaben, bevor wir überhaupt Erste Hilfe leisten können, besteht darin, sich dem verletzten Tier zu nähern. Selbst als Besitzer sind Sie durchaus nicht vor Biss- oder Kratzverletzungen durch das Tier gefeit, das sich im Schock befindet und verängstigt ist.

Nähern Sie sich einem verunglückten Tier sehr behutsam; versuchen Sie beruhigend auf den Patienten einzuwirken (sprechen Sie mit ihm) und lassen Sie ihn nie aus den Augen.

In vielen Fällen, vor allem aber, wenn Sie das Tier nicht kennen, werden Sie nicht in der Lage sein, sich dem Patienten zu nähern, ohne dass dieser angstvoll und aggressiv reagiert. Katzen fauchen, beißen, kratzen und sind zudem noch sehr wendig. Darum mein Rat: Entwickeln Sie in solchen Situationen keinen falschen Ehrgeiz. Sie haben auch Sorge dafür zu tragen, dass weder Sie noch Dritte verletzt oder gebissen werden.

Ich kann Sie nur eindringlich davor warnen, einer Katze ein Band o. ä. um die Schnauze binden zu wollen. Bei Katzen ist dies in einer solchen Situation völlig unmöglich. Sie setzen sich damit einer nicht kalkulierbaren Gefahr aus.

Ist es Ihnen erst einmal gelungen, sich Ihrem Tier zu nähern, können Sie eine Reihe von Untersuchungen vornehmen, um schon am Unfallort wichtige Informationen über den Zustand des Patienten zu erhalten und gegebenenfalls an den behandelnden Tierarzt weiterzugeben.

Die Beurteilung eines Unfallpatienten sollte generell nach der ABC-Regel erfolgen: A = Atmung, B = Blutzirkulation, C = Zentralnervensystem.

## Wie kontrolliere ich die Atmung?

An erster Stelle steht die Kontrolle des Atmungs- und Zirkulationsapparats. Bereits ein 3- bis 5-minütiger Sauerstoffmangel (Anoxie) führt zu irreversiblen (nicht wieder rückgängig zu machenden) Hirnschäden. Aus diesem Grund muss sofort versucht werden, die Atemwege freizulegen, falls diese durch Blut, Schleim, Fremdkörper oder Erbrochenes verstopft sind *(siehe Bild 17)*.

Dabei gehen Sie folgendermaßen vor:

- Öffnen Sie den Fang,
- ziehen Sie die Zunge vor (wirkt gleichzeitig stimulierend auf die Atmung),
- legen Sie den Atemweg frei,
- durch Strecken und Absenken von Kopf und Hals können Sie das Verschlucken von Fremdkörpern oder das Ersticken des Patienten an Erbrochenem verhindern.

## Mund-zu-Schnauze-Beatmung

*Bei einem eventuellen Atemstillstand können Sie eine Mund-zu-Schnauze-Beatmung durchführen. Schließen Sie den Fang des Tieres, halten Sie sich ein Taschentuch vor Ihren Mund und beatmen Sie das Tier durch dessen Nase. Bei einer gleichmäßigen Frequenz von etwa 20 Atemzügen pro Minute sollte sich der Brustkorb des Patienten leicht heben und senken* (siehe Bild 18).

Sehen Sie sich die Atmung genauer an:

*Frequenz:* Die Atemfrequenz beträgt bei Katzen 20–30 Atemzüge pro Minute. Die Atemzüge sollten regelmäßig und gleichmäßig kräftig sein.

*Atemtypus:* Die normale Atmung ist eine Kombination aus Brust- und Bauchatmung (costoabdominal), wobei das Einatmen aktiv, das Ausatmen passiv geschieht. Abweichungen davon geben Ihnen schon erste Hinweise auf die mögliche verletzte Stelle im Körper, die beim Atmen Schmerzen verursacht.

- Atmet der Patient verstärkt mit dem Brustkorb (costal), ist sehr wahrscheinlich mit Schmerzen im vorderen Bauchbereich (Abdomen) zu rechnen.
- Atmet der Patient mehr mit der Bauchmuskulatur/Bauchpresse (abdominal), hat er wahrscheinlich Schmerzen im Brustbereich (Thorax).

Beurteilen Sie im nächsten Schritt die Ein- und Ausatmung (In- und Exspiration):

- Zu einer verstärkten Einatmung kommt es in aller Regel bei Veränderungen außerhalb des Brustkorbs (Thorax).
- Zu einer verstärkten Ausatmung führen meist Veränderungen innerhalb des Brustkorbs. Diese Patienten haben eine sehr starke Bauchpressatmung, d. h., sie müssen die Atemluft gegen den Widerstand aus dem Brustraum pressen.
- Natürlich sind auch Mischformen möglich.

Durch die genaue Beobachtung der Atmung können Sie Verletzungen im Brustbereich erkennen und möglicherweise bereits versorgen.

Offene Brustwandverletzungen werden mit der bereits beschriebenen Verbandstechnik (s. Seite 40) abgedeckt. Fremdkörper, die den Brustkorb durchbohrt haben (so genannte perforierende Fremdkörper), z. B. Stöcke, Nägel, Stricknadeln, lassen Sie so, wie sie sind. Eine Entfernung könnte zu einer offenen Verbindung zwischen Lunge und Außenhaut und damit zum Zusammenfallen der Lunge (Kollabieren) führen.

Wir sprechen in diesen Fällen von einem so genannten Pneumothorax. Durch das verletzte Lungengewebe gelangt Luft in die Brusthöhle. Dieses Luftvolumen ist anfänglich noch gering, kann aber durch jeden weiteren Atemzug beträchtlich ansteigen und zu einem lebensbedrohlichen Zustand führen, da die Luft nicht wieder aus dem Brustraum entweichen kann. Das bedeutet wiederum eine weitere Einengung des noch vorhandenen und normal funktionierenden Lungengewebes. Der Patient erstickt an seiner eigenen Atmung!

In aller Regel reichen die selbstabdichtenden Fähigkeiten des Lungengewebes aus, um einen solchen Defekt recht schnell zu verschließen, so dass ein lebensbedrohlicher Zustand erst gar nicht erreicht wird. Die bis dahin in den Brustraum entwichene Luft wird im Lauf von Tagen und Wochen wieder vollständig resorbiert (aufgenommen).

Wichtig für Sie als Besitzer ist, dass nach einer Verletzung mit Beeinträchtigung der Atmung auf alle Fälle eine Röntgenaufnahme vom Brustraum der Katze angefertigt wird, um das Vorliegen eines Pneumothorax oder sogar von Zwerchfellverletzungen zu erkennen und entsprechend von Ihrem Tierarzt behandeln zu lassen.

Bei stumpfen Verletzungen im Bereich des Brustkorbs, bei Rippenbrüchen, bei denen die Lunge verletzt wurde, oder bei Verletzungen des Brustfells, bei denen die Zwischenrippenmuskulatur reißt, ohne dass die äußere Haut durchtrennt wird, sowie Verletzungen der Luftröhre (Trachea) kann es zu einer Luftansammlung in der Unterhaut kommen, die Sie sofort anhand des typischen »Knisterns« ertasten und erkennen können. Verläuft die Heilung ohne Komplikationen, wird diese Luft in einigen Tagen von der Unterhaut wieder aufgenommen.

## Ist die Blutzirkulation in Ordnung?

### *Durchblutung*

Vor einer weiteren Beurteilung der Atmung werden nun Blutungen mit Druckverbänden gestillt. Eine ausreichende und gute Beurteilung des Herz- und Kreislaufapparats können Sie mit einfachen Mitteln vornehmen. Am Anfang überprüfen Sie, wie schnell sich die kleinsten Blutgefäße füllen (kapilläre Füllungszeit). Für diese Untersuchung ist die Schleimhaut an den Lippen (Lefzen) im Oberkiefer oder das unpigmentierte Zahnfleisch im Bereich oberhalb der Fangzähne im Oberkiefer am besten geeignet. Nachdem Sie durch einen Druck mit dem Finger eine vorübergehende Blutleere in diesen Gefäßen herbeigeführt haben, sollte die Schleimhaut innerhalb von 2 Sekunden wieder die normale blassrosa Farbe zeigen *(siehe Bild 19)*. Dauert es länger, bis die Gefäße wieder durchblutet sind, kann dies auf einen anhaltenden Schock hindeuten (siehe Seite 69).

Als Nächstes können Sie die Schleimhautfarbe beurteilen. Dazu eignet sich am besten die Bindehaut am Auge *(siehe Bild 20)*, aber auch die Schleimhaut von Vorhaut (Präputium) oder Scheide (Vulva) sowie das Zahnfleisch. Normalerweise ist ihre Farbe blassrosa.

Abweichungen geben Ihnen wichtige Hinweise über Herz- und Kreislaufveränderungen sowie über mögliche Stoffwechselstörungen. Neben der normalen blassrosa Färbung gibt es bläuliche, blasse, dunkelrote, verwachsene sowie gelbliche Färbungen der Schleimhäute.

***Schleimhaut***
Ist die Schleimhaut sehr blass, spricht das für sehr dünne und schlechtgefüllte Blutgefäße, die auf einen Schock hinweisen. Ist die Farbe der Schleimhaut eher bläulich, ist dies ein Zeichen für eine Sauerstoffunterversorgung (ebenso möglich beim Schock).

## Woher hat das Blut seine rote Farbe?

*Wird eine gewisse Menge Blut zentrifugiert, bekommen wir einen etwas »festeren« Teil, bestehend aus allen Zellkomponenten. In der Hauptsache sind dies jedoch rote Blutkörperchen, auch Erythrozyten genannt. Der »flüssigere« Teil ist durchsichtig und wird als Serum bezeichnet. Die Farbe des Blutes kommt also von den Blutzellen, den roten Blutkörperchen.*
*Diese roten Blutkörperchen sorgen in unserem Blutkreislauf für den Sauerstofftransport, wobei der Blutkreislauf folgendermaßen abläuft: Blut gelangt aus den großen Körpervenen über die rechte Vorkammer in die rechte Hauptkammer des Herzens. Von dort wird das Blut über die Lungenarterie in die Lungen gepumpt. In einem sehr feinen Geflecht aus kleinsten Blutgefäßen und Luftkammern, den so genannten Lungenalveolen, findet nun der Gasaustausch statt. Die mit verbrauchter Luft (Kohlendioxid, $CO_2$) beladenen Erythrozyten geben dieses $CO_2$ an die Luftkammern ab und nehmen frischen Sauerstoff ($O_2$) wieder auf.*
*Allein die Beladung der roten Blutkörperchen macht die mehr rötliche ($O_2$) oder mehr bläuliche Färbung ($CO_2$)*

*aus. Über den Saug-Pump-Mechanismus des Herzens gelangt das sauerstoffreiche Blut durch die Lungenvenen über die linke Vorkammer in die linke Hauptkammer des Herzens.*
*Von hier aus geht es dann über die Hauptschlagader (Aorta) wieder zurück in alle Körperregionen. Damit ist der Kreislauf geschlossen.*

Geht die Schleimhautfarbe ins Gelbe, liegt mit ziemlicher Sicherheit ein Leberschaden vor, der zu einer vermehrten Ansammlung von Gallenfarbstoffen im Blut und damit zur Gelbfärbung führte. Schließlich gibt es noch den Begriff der »verwaschenen« Schleimhäute. Diese finden wir häufig bei Vergiftungen.

### *Puls*

Im nächsten Schritt untersuchen wir den Puls. Die Pulsfrequenz sollte mit der Herzfrequenz übereinstimmen: Bei Katzen liegt die Frequenz bei 140–200 pro Minute. Der Puls ist am besten auf der Innenseite sowie auf der Mitte des Oberschenkels zu tasten *(siehe Bild 21)*.

### Ist eine Herzmassage sinnvoll?

*Ich habe bewusst auf das Thema Herzmassage verzichtet, weil ich der Meinung bin, dass eine Herzmassage von*

*Laien nicht durchgeführt werden sollte. Das hat folgenden Grund: Eine Herzmassage ist nur bei einem Herzstillstand notwendig. Wenn Sie als Untersucher einen Herzstillstand diagnostizieren, der jedoch gar nicht vorliegt, und Sie führen nun eine Herzmassage durch, obwohl noch Herzschläge vorhanden sind, wird Ihre Massage sozusagen zum Gegenspieler des normalen Herzschlags und den Patienten in den sicheren Tod führen.*
*Deshalb: Finger weg von einer Herzmassage!*

Der Puls gibt Ihnen Auskunft über den Blutdruck und die vorhandene Blutmenge. Normalerweise ist der Pulsschlag gleichmäßig und kräftig. Bemerken Sie eine deutliche Frequenzzunahme in Kombination mit einem pochenden Puls, können Sie davon ausgehen, dass die zirkulierende Blutmenge abnimmt (Volumenmangel). Es ist weniger Blut im Kreislauf, d. h. das Herz muss häufiger und kräftiger schlagen, um die Sauerstoffversorgung zu gewährleisten.

Ist hingegen der Puls nur sehr schwach und fadenförmig, das heißt, er ist kaum fühlbar, schwach und gespannt, so liegt vermutlich ein Blutdruckabfall vor, wie wir ihn beim Schock finden.

### *Herzfrequenz*

Die normale Herzfrequenz sollte in einem Bereich von 140–200 bei der Katze liegen. Der Rhythmus sollte gleichmäßig sein, wobei eine atmungsabhängige Unregelmäßigkeit normal ist: Beim Einatmen steigt die Herzfrequenz, beim Ausatmen sinkt sie.

Beide Herztöne sind im Normalfall gut voneinander abgesetzt, das heißt ein deutlich wahrnehmbares »Bu-dup, bu-dup« ist die Regel. Die Intensität der Herztöne ist für einen Laien – aufgrund mangelnder Vergleiche – nur schwer zu beurteilen. Nach stumpfen Verletzungen (Unfall), aber auch als Folge von Infektionen kann es zu Flüssigkeitsansammlungen (Blut, Lymphe, Körperwasser oder Eiter) im Brustraum kommen, die zu schwächeren Herztönen führen. Wenn sich die Bauchorgane in den Brustkorb verlagern, weil das Zwerchfell gerissen ist, führt dies ebenfalls zu einem Intensitätsverlust.

Eine der wohl schlimmsten Komplikationen am Herzen ist die so genannte Herzbeutel-Tamponade, da sie weder rechtzeitig erkannt noch dementsprechend behandelt werden kann. Dabei passiert am Herzen genau das Gleiche wie beim Pneumothorax an der Lunge. Das Herz als reiner Arbeitsmuskel ist noch von einer sehr festen Haut, dem Herzbeutel, umgeben. Bei einer Verletzung der Herzmuskulatur oder von kleineren Gefäßen wird bei jedem Herzschlag Blut in diesen Herzbeutel gepumpt. Aufgrund seiner Festigkeit wird dieser maximal gedehnt. Das steigende Blutvolumen kann jedoch nicht entweichen und drückt den gesamten Herzmuskel zusammen, bis seine Funktion völlig zum Erliegen kommt. Das Herz ertrinkt (innerhalb von wenigen Minuten) an seinem eigenen Blut.

## Funktioniert das Zentralnervensystem?

Zunächst müssen wir uns darüber klar werden, in welchem Bewusstseinszustand der Patient sich befindet. Man unterscheidet vier Formen des Bewusstseins:

- normales Bewusstsein: Der Patient ist ansprechbar, aufmerksam, reagiert auf äußere Umwelteinflüsse;
- etwas herabgesetztes Bewusstsein (Apathie): Der Patient ist ansprechbar, reagiert aber verlangsamt auf äußere Reize und verfällt nach dem Ansprechen wieder in einen Dämmerzustand, die Fähigkeit zu normalen Reaktionen ist nicht vorhanden;
- tiefschlafähnlicher Bewusstseinszustand (Stupor): Der Patient ist in aller Regel nur durch eine Anregung durch sehr starke Schmerzen aus diesem Zustand zu wecken;
- völliger Bewusstseinsverlust (Koma): Der Patient ist auch durch Schmerzen nicht zu wecken, Reflexe sind noch vorhanden.

Die letzten beiden Stufen sind in vielen Fällen durch starke Verletzungen (traumatisch) oder Vergiftungen (toxisch) bedingt. Sensorische Reize werden nicht mehr zwischen Hirnstamm und Hirnrinde weitergeleitet. Je geringer der Bewusstseinsverlust ist, um so besser sind die Chancen auf eine vollständige Heilung.

Verliert der Patient ganz spontan und sehr schnell das Bewusstsein, deutet dies auf Hirnblutungen hin (Prognose ungünstig), während ein verlangsamter (protrahierter) Bewusstseinsverlust – bis zu Stunden nach dem Unfall – auf Wasseransammlungen (Ödeme) im Hirn zurückzuführen ist (bei schneller Behandlung mit durchaus günstiger Prognose).

Wenn Sie dem Tier in die Augen schauen, sollten beide Pupillen normal groß sein und auf einen Lichtreiz reagieren. Dabei muss, wenn der Lichtreiz das linke Auge beeinflusst, auch das rechte Auge mit einer Verkleinerung der Pupille reagieren – und umgekehrt.

Bei Nichtansprechen auf diesen Reiz, das heißt vollständig geweiteten oder verengten Pupillen, ist mit einer massiven Verletzung im Hirnstamm zu rechnen. Auch zitternde Augenbewegungen sprechen für ein massives Kopftrauma.

Sehen Sie sich nun die Haltung des Patienten genauer an. Sind sowohl Kopf- und Halsbereich als auch alle vier Gliedmaßen überstreckt, müssen Sie ebenfalls von massivsten Hirnverletzungen ausgehen.

## Kann das Tier noch gerettet werden?

*Der Zustand eines verunglückten Tieres sollte von Ihnen so weit beurteilt werden können, dass schon am Unfallort die Entscheidung fallen kann: Sind lebenserhaltende Sofortmaßnahmen erforderlich, oder sollte der Patient – aufgrund irreparabler Verletzungen und sich daraus ergebender Leiden und Qualen – noch am Unfallort oder beim Tierarzt erlöst werden.*

### *Reizüberprüfung*

Sobald massive Störungen des Zentralnervensystems auszuschließen sind, können Sie die einzelnen Gliedmaßen auf ihre Empfindlichkeit und ihr Schmerzempfinden hin testen. Beim Reiz durch einen Schmerz, z. B. Kneifen eines Zehs oder der Zwischenzehenhaut, muss der Patient eine deutliche Abwehrreaktion zeigen *(siehe Bild 22 und 23)*. Zieht er die Gliedmaße nur an, ist dies schon auf einen intakten Reflexbogen zurückzuführen (Stimulus – zum Rückenmark – von dort wieder zurück zur Muskulatur – und als Folge die Beugereaktion des Beines). Erst die Weiterleitung des Schmerzreizes zum Gehirn und damit zum Bewusstwerden dieses Schmerzes führt zur deutlichen Abwehrreaktion und ist als positiv zu bewerten.

Fehlen diese Tiefensensibilität und der Tiefenschmerz an allen Gliedmaßen, liegt eine vollständige Lähmung (Paralyse) vor, die entsprechende Verletzung ist dann vermutlich im Kopf- und Halsbereich zu finden. Sind Tiefensensibilität und Tiefenschmerz nur bei den beiden Vorderbeinen vorhanden, liegt die Verletzung des Rückenmarks vermutlich im Bereich der letzten Brust- und/oder der Lendenwirbel.

### *Wirbelsäule*

Fehlender Tiefenschmerz der Hinterbeine ist ungünstig zu bewerten, da es aller Wahrscheinlichkeit nach schon zu massiven Rückenmarksverletzungen (Kompressionen) gekommen ist. Meistens sind bei Verletzungen der Wirbelsäule die beweglichen Übergänge betroffen:

Kopf- und Halsbereich, Brust- und Lendenwirbelsäule sowie auch der Übergang von Lendenwirbelsäule und Kreuzbein.

Wenn Sie bei Ihren bisherigen Untersuchungen keine nennenswerten Veränderungen festgestellt haben, können Sie noch die Halte- und Stellreflexe sowie die Korrekturreaktionen des Tieres testen.

- Der Patient muss auf allen vier Beinen stehen können.
- Bei Verlagerung des Tieres nach vorne, hinten oder zur Seite muss eine spontane Korrektur erfolgen.
- Überkreuzte Vorder- und Hinterpfoten müssen nach kurzer Zeit wieder normal gestellt werden.
- Wird der Patient gegen eine Kante oder Stufe geführt, muss ein sofortiger Stellreflex ausgelöst werden.
- Das Anheben der Vorder- oder Hinterbeine (Schubkarre) in Kombination mit einer Richtungsänderung sollte ebenfalls spontan ausgeglichen werden.
- Ein Lichtreiz auf die Pupille muss zur sofortigen Verkleinerung beider Pupillen führen.
- Das Betasten der Hornhaut des Auges muss zum sofortigen Lidschluss führen.
- Das Betasten der Lidränder sollte zum Lidschluss führen.
- Das Betasten der Analregion führt zum Analreflex.
- Ein Schlag auf das gerade Kniescheibenband führt zum Streckreflex des Unterschenkels.
- Ein Kneifen in die Vorder- bzw. Hinterpfoten muss zu einem Anbeugen der entsprechenden Gliedmaße führen. Zusätzlich muss eine Abwehrreaktion des Patienten deutlich erkennbar sein. (siehe S. 67: Tiefenschmerz und Tiefensensibilität).

### Das darf in einer Erste-Hilfe-Ausrüstung nicht fehlen

- *Verbandswatte*
- *fusselfreie Wundabdeckung (Mullkompressen)*
- *Polsterwatte*
- *elastische Binde (alternativ dazu Mullbinde)*
- *Tape- oder Pflasterverband*
- *Schere und Pinzette*
- *Wundsalbe (siehe Reiseapotheke, Seite 51)*
- *antibiotikahaltige Augensalbe/Augentropfen oder Tränenersatzflüssigkeit (ohne vorherige Untersuchung der Augen durch einen Tierarzt keine cortisonhaltigen Präparate anwenden!)*
- *blutstillende Lösung (Eisenchloridlösung)*
- *evtl. einige Kanülen, um kleinere Fremdkörper oder Reste von Zecken o. ä. aus den Ballen der Pfote sowie der Haut zu entfernen*

## Der Schock

Vor allem in Zusammenhang mit Unfällen wird immer wieder häufig von Schock gesprochen, doch die wenigsten Menschen wissen, was sich eigentlich dahinter verbirgt.

## Sauerstoffunterversorgung

Rein medizinisch ist ein Schock keine Erkrankung, sondern ein Syndrom, das heißt ein Krankheitsbild mit mehreren Symptomen, bei dem das Gewebe plötzlich nicht mehr ausreichend durchblutet und deshalb nicht ausreichend versorgt wird. Es kommt zu einem Missverhältnis zwischen Sauerstoffangebot und Sauerstoffbedarf. Die Folgen sind Blutleere, Sauerstoffmangel und Übersäuerung (die Entstehung saurer Stoffwechselprodukte, z. B. von Milchsäure) in den entsprechenden Geweben, was dazu führen kann, dass einzelne Funktionen nicht mehr ausgeführt werden sowie Veränderungen im gesamten Organismus auftreten.

Die Symptome bei leichten Schockformen sind blasse Schleimhäute, kleiner, gut fühlbarer Puls, abgesunkene Körpertemperatur, Anstieg der Atemfrequenz sowie eine kapilläre Füllungszeit (KFZ) über 2 Sekunden, das heißt, nach einer vorübergehenden Blutleere füllen sich die kleineren Blutgefäße (z. B. an der Schleimhaut der Lippen) erst wieder nach mehr als 2 Sekunden.

Bei schweren Schockformen kommen zusätzlich Schwäche, Benommenheit, stark erhöhte Atem- und Herzfrequenz, pochender Puls sowie weiter abgesunkene Körpertemperatur dazu.

Auf die selteneren Ursachen, die einen Schock auslösen können, wie z. B. eine Herzinsuffizienz (ein so genannter kardiogener Schock), ein septischer Schock (ausgelöst durch so genannte Endotoxine bestimmter

Bakterienarten) oder auch ein anaphylaktischer Schock (durch das Einwirken von Allergenen auf den Organismus) sei hier nur kurz hingewiesen.

## Ursachen

Die Ursachen für einen Schock können sehr vielfältig sein, wobei letztlich alle zum Volumenmangelkollaps führen. Zur Unterversorgung kommt es jedoch nicht nur durch die Abnahme der zirkulierenden Blutmenge durch Blutverlust (z. B. bei einem Unfall), sondern auch durch extreme Wasser- und Flüssigkeitsverluste (Erbrechen und Durchfall) sowie bei schweren Verbrennungen.

## Drei Phasen

Der Schock verläuft in drei Phasen. Beim ersten Stadium liegt eine auslösende Schockursache vor, das heißt, es kommt zu einem Blut- oder Flüssigkeitsmangel. Dementsprechend sinken auch die Herzpumpleistung sowie die Spannung (Tonus) der Blutgefäße. Es fließt weniger Blut zum Herzen zurück, der Blutdruck fällt insgesamt ab. Daraufhin wird eine Gegenregulation ausgelöst: Am Rand gelegene Gefäße werden verengt (z. B. aus dem

Magen-Darm-Bereich), um mit den dadurch entstehenden Blutreserven den Kreislauf zu stabilisieren.

Reichen diese Mechanismen als Gegenreaktion nicht aus und bleibt die auslösende Ursache weiter bestehen, folgt anschließend das zweite Stadium (verstärkte Gegenregulation): Herz- und Atemfrequenz steigen, um schneller Blut und damit Sauerstoff zur Verfügung zu stellen. Zusätzlich wird die Durchblutung von Haut, Muskulatur, Nieren, Magen und Darmkanal zugunsten der lebenswichtigen Organe Herz, Hirn, Lunge und Nebennieren verringert. Man bezeichnet das als Umverteilung oder Zentralisation des Kreislaufs. Werden die Organe über einen längeren Zeitraum nur unzureichend versorgt, so kann dies zu funktionellen und strukturellen Veränderungen führen, d. h. zu fortschreitenden und schweren Organschädigungen.

Führen all diese Mechanismen nicht zur Erholung, folgt das dritte Stadium des Schocks (endgültiger Funktionsausfall): Die Mechanismen der Gegenregulation erschöpfen sich, die Zentralisation des Kreislaufs kann nicht länger aufrechterhalten werden. Es kommt zur kompletten Herz-Kreislaufinsuffizienz, bei der alle Gefäße erweitert werden, damit zum Blutdruckabfall, zu weiterer Sauerstoffunterversorgung, zur massiven Übersäuerung und letztlich zum Tod.

Während das erste und das zweite Stadium noch behandelt werden können, gibt es beim dritten Stadium keine Möglichkeit der therapeutischen Beeinflussung mehr.

## Biss- und Krallenverletzungen

Kleinere Verletzungen der obersten Hautschicht (ohne klaffende Wunde), Schürfstellen o. ä. können bei Katzen immer wieder vorkommen. Grundsätzlich sollten diese »Wunden« immer nur mit klarem Wasser gereinigt, anschließend mit einer Wundsalbe abgedeckt und, wenn möglich, zusätzlich mit einem Verband vor weiterer Verschmutzung geschützt werden.

Sehr tückisch sind Bisse von Hunden und Katzen, denn die langen und spitzen Eckzähne hinterlassen beim Beißen eine tiefe Verletzung, die sich an der Hautoberfläche schnell wieder schließt. Da an den Zähnen jedoch häufig Keime haften, die sich in der Wunde vermehren, bilden sich innerhalb von 1–4 Tagen stark entzündliche, schmerzhafte sowie eitrige Schwellungen, die vom Tierarzt behandelt werden müssen.

Frische Bisswunden sind deshalb – auch wenn es auf den ersten Blick nicht unbedingt erforderlich zu sein scheint – am besten am gleichen Tag noch mit Antibiotika zu behandeln. Ansonsten besteht die Gefahr einer sich weiter ausbreitenden Wundinfektion.

Krallenverletzungen, die bei Katzen häufig auftauchen, scheinen dem Besitzer meist problematischer, als sie in Wirklichkeit sind. Im Allgemeinen kommt es zu etwas stärkeren Blutungen, vor allem wenn das Krallenhorn (vergleichbar unserem Fingernagel) vollständig abgerissen oder abgeknickt ist. In letzterem Fall können Sie die Krallenhornreste mit einem kleinen Scherenschlag leicht entfernen. Anschließend geben Sie etwas Wundsalbe auf das freiliegende Krallenbein und verbinden die Pfote.

Falls Sie beim regelmäßigen Kürzen der Krallen das so genannte Leben der Kralle erreicht haben und es zu Blutungen kommt, können Sie ebenso verfahren.

## Verbrennungen und Verbrühungen

Verbrennungen oder Verbrühungen kommen heutzutage nur selten vor. Gefahr geht von heißen Herdplatten, brennenden Kerzen, Heizstrahlern oder heißen Suppentöpfen aus, um nur einige Beispiele zu nennen. Grundsätzlich sollten verbrannte oder verbrühte Hautstellen – nach der Reinigung mit klarem Wasser – auch mit kaltem, klarem Wasser gekühlt werden. Decken Sie die Stellen anschließend mit fusselfreiem Material ab (z. B. Handtuch, Taschentuch, Kompresse).

Geben Sie nie irgendwelche Salben, Puder o. ä. auf die Wundfläche. Sie erschweren die Arbeit Ihres Tierarztes bzw. Sie verhindern dadurch den meist komplikationslosen Heilungsverlauf, da sämtliche Salben oder Puder von Ihrem Tierarzt sehr mühsam entfernt werden müssen.

Die Heilung bei Verbrennungen und Verbrühungen hängt stark ab von der Größe der Wundfläche, von der verletzten Körperstelle sowie vom schnellen und gezielten Eingreifen durch Sie als Besitzer und der anschließenden Behandlung durch den Arzt.

## Hitzestau und Hitzschlag

Gerade in den Sommermonaten sind Haustiere der Gefahr einer Überhitzung ausgesetzt. Sei es, dass Katzen eine längere Zeit im geschlossenen Auto oder mit ihren Herrchen den Sommerurlaub bei 40–50 Grad verbringen müssen.

Symptome einer beginnenden Überhitzung sind beschleunigte Atmung (Hecheln), beschleunigter Puls, erhöhte Temperatur, Speicheln, gerötetes Zahnfleisch sowie gerötete Bindehäute. In diesen Fällen muss das Tier sofort in eine kühlere Umgebung gebracht werden.

Kalte Wasserbäder oder Duschen (das gesamte Fell muss nass sein!) mit anschließender Lufttrocknung (mehrfach wiederholen) können lebensrettende Sofortmaßnahmen sein.

Achten Sie darauf, dass das Tier auch reichlich klares, kaltes Wasser trinkt. Sicherheitshalber sollten Sie einen Tierarzt aufsuchen.

- *keine direkte Sonneneinstrahlung über einen langen Zeitraum bei womöglich unbeaufsichtigten Tieren*
- *Parken des Autos in Bereichen mit Schatten und mit geöffneter Fensterscheibe*
- *ausreichend Flüssigkeitszufuhr*
- *ausreichend Schattenmöglichkeit für die Katze im Sommer-(Sonnen-)Urlaub*
- *Katzen mit weißem Fell sind sonnenbrandgefährdet!*

## Insektenstiche

Beim Spielen von Katzen kommt es in den Sommermonaten immer wieder zu unliebsamen Begegnungen mit stechenden Insekten (Wespen u. a.). Die Hauptgefahr bei einem Wespenstich ist eine akute allergische Reaktion. Vermehrtes Hecheln, Speicheln, akut auftretende Schwellungen an den Pfoten, Lefzen oder im Gesichtsbereich bis hin zur so genannten Nesselsucht (Urtikaria), bei der es zu klein- bis großflächigen Schwellungen auf der gesamten Körperoberfläche kommen kann, sind die Symptome. Gefährlich wird die Situation jedoch erst, wenn lebende Wespen verschluckt werden, da sie möglicherweise in den Zungengrund oder den Hals stechen. Die daraus entstehenden Schwellungen können den gesamten Kehlkopfbereich betreffen und zu starker Atemnot führen. Als Sofortmaßnahme gilt hier, was bereits zur Kontrolle der Atmung (s. Seite 56) gesagt wurde: Sie müssen dafür sorgen, dass die Atemwege freigelegt werden. Gelingt es Ihnen nicht, die Atmung durch Hervorziehen der Zunge nach dem Öffnen des Fangs zu ermöglichen, bleibt Ihnen nur die Möglichkeit der Mund-zu-Schnauze-Beatmung, und zwar so lange, bis der Tierarzt eintrifft und den Patienten mit einem schnell wirkenden Cortisonpräparat behandelt, um die Schwellung zurückzudrängen. Als Sofortmaßnahme ist es wichtig, dass Sie die betroffenen Körperteile kühlen. Nicht selten kommt aber jede Hilfe für den Patienten zu spät.

In Ausnahmefällen wird Ihnen Ihr Tierarzt sogar eine mit entsprechenden Medikamenten vorbereitete Spritze überlassen, damit Sie in einer Notsituation selbst möglichst schnell die Injektion geben können.

## Vergiftungen

Mit dem Thema Vergiftungen ließen sich ganze Bücher füllen, daher möchte ich mich hier auf einige allgemeine Verhaltensregeln im Vergiftungsfall sowie exemplarisch auf die Cumarinvergiftung beschränken, also die typische Rattengiftvergiftung.

## Gift durch die Beute

Hunde und Katzen sind in unterschiedlichem Maß durch Vergiftungen gefährdet. Während der Hund ganze Köder mit darin enthaltenem Gift frisst, wird die Katze meist kleinere Mengen an Gift aufnehmen, da sie unregelmäßiger und teilweise weniger frisst, aber wieder auf ihre Beute zurückkommt, wenn sie erneut Hunger hat. Hunde schlucken ihr Futter außerdem auf einmal, ohne großartig zu kauen, im Gegensatz zu Katzen, die einen anderen Geschmack sehr schnell herausschmecken und dann vom Futter ablassen (Sie kennen das Phänomen: Sie versuchen Ihrer Katze Medikamente unter das Futter zu mischen, worauf das Futter strikt liegengelassen wird). Allerdings sind Katzen aufgrund verschiedener Verhaltensmuster stärker gefährdet. So führen ihr ausgeprägter Jagdtrieb, ihre Neugier und vor allem das häufige Putzen leichter zu Vergiftungen als beim Hund.

Das Gift kann auf unterschiedliche Weise aufgenommen werden: durch Abschlucken oder Ablecken (oral) vom Fell, durch bzw. über die Haut (perkutan) sowie über die Atemluft (aerogen). Manchmal sehen Sie als Besitzer, wie das Gift aufgenommen wird. In diesem

Fall vergessen Sie bitte alle Ihnen bekannten »Hausrezepte«, das Tier zum Erbrechen zu bringen. Aus meiner Erfahrung kann ich sagen, dass damit zuviel wertvolle Zeit verlorengeht. Sobald Sie eine mögliche Giftaufnahme bemerkt haben, sollten Sie stattdessen Ihre Katze einpacken und sofort zum nächsten Tierarzt bringen.

Das Tier muss innerhalb eines Zeitraums von etwa 3 Stunden nach der Giftaufnahme die Nahrung erbrechen. Danach ist der Futterbrei in aller Regel schon im Darmkanal angelangt.

## Magenspülung

Wenn Sie wissen, welches Gift oder welche Giftart aufgenommen wurde, kann mit einer gezielten Entgiftungstherapie schnell behandelt werden. In allen anderen Fällen, und das ist leider die Regel, wird man eine symptomatische Behandlung durchführen müssen, bestehend aus Infusionen, Einläufen, Magenspülungen oder Verabreichung von Medikamenten, die die Nierentätigkeit steigern, die Leber schützen und die zum Erbrechen führen. Befindet sich das Gift auf dem Fell, wird das Haar geschoren und die Haut gewaschen und so vom Gift befreit.

Auf alle Fälle muss der Patient einige Tage tierärztlich überwacht werden, um Folgeschäden sofort erkennen und entsprechend therapieren zu können.

## Rattengift

Eine Vergiftung, die bei uns häufig auftritt, wird durch Rattengift verursacht. Das Gift (meist Cumarin) befindet sich in so genannten Fraßködern oder Streupulvern. Es beeinflusst die Blutgerinnung in der Weise, dass die Gerinnungsfaktoren zwar produziert werden, aber funktionell nicht aktiv sind, das heißt, die Ratten und Mäuse verbluten innerlich.

Das Gleiche passiert nun Katzen, wobei eine Vergiftung durch die Aufnahme von vergifteten Beutetieren (so genannte Sekundärvergiftungen) eher selten ist. Das Gift wird vom Körper der Ratten und Mäuse zu schnell aufgenommen und entfernt sich aus diesem wieder.

Ein wichtiger Punkt ist, wie schnell das Gift von Ihrem Tier aufgenommen wird.

Die einmalige Aufnahme einer größeren Giftmenge ist weniger gefährlich als die Aufnahme mehrerer kleiner Mengen.

Da die Gerinnungsfähigkeit des Blutes beeinflusst wird, kommt es zu spontan auftretenden und vermehrten Blutansammlungen in der Haut und der Unterhaut (Hämatome), Zahnfleisch- und Nasenbluten, blutigem Urin- und Kotabsatz, Blutungen in die Brust- und Bauchhöhle sowie Blutungen in sämtlichen Organen einschließlich des Zentralnervensystems. Die Folge: Die Tiere verbluten qualvoll.

Nach der Aufnahme des Rattengifts wird Ihr Tierarzt versuchen, das Tier zum Erbrechen zu bringen, vorausgesetzt, die Giftaufnahme liegt nicht länger als 3 Stunden zurück. Im nächsten Schritt legt er einen Venenkatheter, um Infusionen geben zu können: Vitamin K sowie Kortikosteroide, Antibiotika und Präparate, die die Nierentätigkeit anregen. Die Medikamente werden z. T. mehrmals täglich über einen Zeitraum von meist 2–3 Tagen verabreicht. Hat sich der Zustand normalisiert (weder Erbrechen noch Durchfall, keine weiteren Blutungen, guter Allgemeinzustand), kann die Behandlung mit Vitamin-K-Präparaten in Form von Tabletten für weitere 4–7 Tage fortgeführt werden, um auch Langzeitschäden durch lang wirkende Cumarinabkömmlinge möglichst gering zu halten. In den meisten Fällen, gerade bei Cumarinvergiftungen, sind die Aussichten auf eine erfolgreiche Therapie sehr günstig. Ist die Giftart allerdings nicht bekannt, besteht immer wieder ein Wettlauf mit dem Tod.

## Erbrechen und Durchfall

Bei Erbrechen und Durchfall handelt es sich nicht um eigene Erkrankungen, sondern nur um Symptome, die bei einer Vielzahl von Erkrankungen auftreten können, so z. B. bei den meisten Infektionskrankheiten – verursacht durch Bakterien, Viren, Pilze oder Parasiten. Es sind jedoch ebenso Symptome für Stoffwechselstörungen, Erkrankungen von Leber, Nieren, Bauchspeicheldrüse, Schilddrüse, Nebenniere, Hirnanhangdrüse (Hypophyse). Auch die Aufnahme von Giftstoffen, bestimmten Arzneimitteln oder Fremdkörpern (Holz, Plastik u. a.) kann zu Durchfall und Erbrechen führen. Die Liste wäre noch um ein Vielfaches zu erweitern, weshalb Sie den Symptomen vermehrte Aufmerksamkeit schenken sollten, auch wenn in der Regel eine harmlose Ursache zugrunde liegt. Ich möchte Ihnen daher ein grundsätzliches Behandlungsschema an die Hand geben, mit dem Sie in den meisten Fällen die Symptome unterdrücken können und dem nachbehandelnden Tierarzt die Therapie erleichtern.

## Nahrungsentzug und regelmäßige Flüssigkeitszufuhr

Bei harmloserem Erbrechen oder Durchfall – das heißt, die Symptome treten akut auf, dauern nicht länger als einen Tag, in Urin oder Kot ist kein Blut und das Allgemeinbefinden ist nur wenig gestört – steht der Nahrungsentzug an erster Stelle der Behandlung.

Dadurch kommt der gesamte Magen-Darm-Kanal zur Ruhe und störende Einflüsse (z. B. verdorbenes Futter) werden aus dem Körper eliminiert. Anstelle des normalen Trinkwassers geben Sie Ihrem Tier abgekochtes Wasser oder ungesüßten schwarzen Tee, wobei es wichtig ist, dass der Patient häufig kleinere Mengen zu sich nimmt. Sowohl Erbrechen als auch Durchfall führen zu starken Flüssigkeitsverlusten, die durch vermehrten Durst wieder ausgeglichen werden sollen. Die Zufuhr von allzu großen Flüssigkeitsmengen führt jedoch zu weiterem Erbrechen.

Wenn Sie diese beiden Grundsätze verfolgen, können Sie keinen Fehler machen. Möglicherweise sind die Beschwerden innerhalb von 1–2 Tagen verschwunden.

Kohle wirkt zwar in einigen Fällen »entgiftend«, hat aber keinen Einfluss auf die Magen-Darm-Motorik, stoppt den Durchfall also nicht. Falls Sie in Ihrer Hausapotheke Medikamente haben, die Sie vielleicht verabreichen möchten, bei denen Sie sich jedoch nicht ganz sicher sind, fragen Sie besser vorher Ihren Tierarzt.

## Erste Nahrung

Die Nahrung nach dem Futterentzug sollte gut verdaulich sein, es bieten sich Reis, Quark, Hüttenkäse sowie Hühnerfleisch oder Lammfleisch (beides gekocht und ungewürzt) an. Dieses Futter kann über einen Zeitraum von 2–3 Tagen 3- bis 5-mal täglich gegeben und anschließend wieder durch das »normale« Futter ersetzt werden, vorausgesetzt die Erkrankung ist überstanden.

Leidet Ihr Haustier nach 1–2 Tagen immer noch an Erbrechen und/oder Durchfall, verstärken sich sogar die Symptome trotz der beschriebenen Behandlung oder treten weitere Verschlechterungen des Allgemeinbefindens auf, sollten Sie keine weitere Zeit verstreichen lassen und Ihren Tierarzt aufsuchen, um die Ursache abzuklären und entsprechende Behandlungen einleiten zu können.

## Fremdkörper

Ein wichtiges Thema bei der Behandlung von Katzen in meiner Praxis sind immer wieder Fremdkörper, die das Tier verschluckt hat. Aufgrund des stark ausgeprägten Jagd- und Spieltriebs unserer Vierbeiner kommt es bei reinen Wohnungskatzen des öfteren zu gesundheitlichen Problemen durch Fremdkörper.

Wollfäden, Geschenkbänder, Kordeln u. v. m. werden gerne als Spielzeug genutzt und nicht selten auch verschluckt. Probleme tauchen auf, wenn sie in den Darm gelangen und nicht wieder ausgeschieden werden. Die Bänder passen sich dem Darm an und werden durch die Darmbewegungen (Peristaltik) der Länge nach im gesamten Darmkanal verteilt. Jede neue Peristaltikwelle sorgt dafür, dass dieses Fremdmaterial die Innenauskleidung des Darmes einschneidet und der Darm sich über diesem Fremdkörper wie eine Girlande aufwickelt. In der Folge kommt es zu massivsten inneren Verletzungen bis hin zu Darmdrehungen oder

Darmeinschiebungen. Die Symptome reichen von anfänglichem Erbrechen und Kotabsatzproblemen bis hin zu hochgradigen Darmkoliken. Die Tiere ziehen sich zurück, verweigern das Futter, haben Schmerzen und laufen mit aufgekrümmtem Rücken umher. Hier ist schnelle Hilfe erforderlich. Der Tierarzt wird nach einer gründlichen Diagnose versuchen, den Fremdkörper operativ aus dem Darm zu entfernen, wobei es vorkommen kann, dass der Darm an mehreren Stellen eröffnet werden muss. Nach einer solchen Operation muss die Katze in der Regel drei Tage durch Tropfinfusionen versorgt werden, da Futter und Wasser in dieser Zeit nicht verabreicht werden darf, um die Darmnähte zu schonen.

Natürlich kann ein Verschlucken von größeren Nadeln auch zu Problemen führen. Der Kehlkopf, die Luft- bzw. Speisröhre, der Magen und der gesamte Darmkanal sowie die angrenzenden Bauchorgane (Leber, Milz, Bauchspeicheldrüse) können dadurch durchstochen werden. In diesen Fällen ist die sofortige chirurgische Entfernung notwendig.

Sämtliches Spielzeug, angefangen von kleinen Murmeln über Fellmäuse bis hin zum Weihnachtsbaumschmuck, bedeutet immer auch eine Gefahr für die Katze. Das Verschlucken führt zu den schon bekannten Symptomen. Das jedoch weitaus am häufigsten vorkommende Problem durch einen Fremdkörper entsteht durch den Verzehr von so genanntem Katzengras.

Dieses Katzengras, meist sind es nur einzelne Halme, werden manchmal von den Tieren wieder hervorgewürgt und bleiben dann im Bereich des weichen Gaumens und auch dahinter stecken. Es kommt zu Schluckbeschwerden, Niesen, schleimig bis eitrigem, meist einseitigem Nasenausfluss, Würgehusten und Fressunlust. Anfangs denkt man meist nicht an einen in der Nase festsitzenden Fremdkörper; erst wenn verschiedene Behandlungen erfolglos bleiben, unternimmt der Tierarzt in der Regel intensivere Untersuchung unter Narkose, bei denen dann der Fremdkörper entdeckt und gleich entfernt wird.

Einen 100-prozentigen Schutz gegen das Verschlucken von Fremdkörpern gibt es nicht. Sie als Besitzer sollten jedoch bei der Auswahl des Spielzeugs Wert darauf legen, dass die Verletzungsgefahr so gering wie möglich ist. Nadel oder Nadel-Fadenkombinationen, Stricknadeln, Geschenkbänder o. ä. sollten auf jeden Fall nicht frei in der Wohnung herumliegen.

## Das Hochhaus-Syndrom

Sie alle kennen das Problem: die Katze auf dem Balkon im 1. Stock oder höher, keine Absicherung des Geländers, und dann ist es passiert: Die Katze – aus welchem Grund auch immer – ist vom Balkon gesprungen.

Der Schrecken um die schweren Verletzungen bzw. den möglichen Verlust Ihrer Katze ist nicht auszumalen. Und genau aus diesem Grund möchte ich Ihnen von den Ergebnissen einer Studie aus den USA berichten, damit Sie dieser Situation etwas mehr Gelassenheit entgegenbringen.

Das Hochhaus-Syndrom, oder wie die Amerikaner sagen High-rise-Syndrom bei Katzen bezieht sich auf traumatische Verletzungen bei Tieren, die im freien Fall aus einer Höhe von ca. 6 Metern – das entspricht etwa 2 Stockwerken – oder mehr zu Boden stürzen.

Innerhalb eines bestimmten Beobachtungszeitraumes überlebten weit mehr als 90 Prozent der Katzen einen Sturz aus großer Höhe, 6 Prozent starben in den ersten 8 Stunden und weitere 3 Prozent der Katzen wurden auf Anordnung der jeweiligen Besitzer eingeschläfert. Erstaunlicherweise mussten nur bei einem Drittel der Patienten lebensrettende Sofortmaßnahmen ergriffen werden, ein Drittel wurde normal behandelt (kleinere Verletzungen, Schürfstellen o. ä.) und ein weiteres Drittel der Katzen bedurfte überhaupt keiner therapeutischen Maßnahmen.

Neben den aufgetretenen Verletzungen im Bereich des Kopfes, wie Unterkiefer-, Zahnfrakturen und Gaumenspalten (ein Riss im Bereich des harten Gaumens, durch den eine offene Verbindung zwischen Mund-und Nasenhöhle entsteht) traten natürlich Lungenblutungen, Pneumothorax (s. Seite 58), Frakturen einer oder mehrerer Gliedmaßen (wobei Elle und Speiche, Unterschenkel und Oberschenkel in etwa gleicher Häufigkeit betroffen waren), Frakturen der Vorder- oder Hinterfußwurzelknochen, seltener dagegen Frakturen von Becken, Rippen oder Wirbelkörpern, Blasenrisse, Verletzungen der Nieren, der Leber oder der Milz.

Ebenfalls seltener war das Zwerchfell gerissen, vielleicht bedingt durch den gleichmäßig verteilten Aufpralldruck auf Brust (Thorax) und Bauch (Abdomen).

Die Verletzungen nahmen zunächst mit steigender Stockwerkszahl zu, und zwar bis zum 7. Stockwerk. Überraschenderweise nahm die Frakturhäufigkeit ab dem 7. Stockwerk wieder ab. Die Katzen erreichen beim freien Fall (etwa ab dem 5. Stock) eine maximale Geschwindigkeit von ca. 95 km/h. Nach Erreichen dieser Geschwindigkeit entspannt sich die Katze und orientiert ihre Gliedmaßen horizontal (ähnlich einem Flughörnchen), um eine stabile Vier-Pfoten-Landeposition einzunehmen. Dies hat zur Folge, dass der Aufpralldruck gleichmäßig auf den ganzen Körper verteilt wird.

Diese Studie zeigt doch eindrucksvoll, dass beim Sturz aus großer Höhe die Verletzungsgefahr nicht so hoch ist, wie Sie vielleicht vermuten würden. Trotzdem sollte es erst gar nicht soweit kommen. Es gibt mittlerweile unzählige Möglichkeiten, den Balkon samt Geländer mit Netzen so abzusichern, dass ein – auch versehentlicher – Sturz der Katzen in die Tiefe verhindert werden kann.

# Krankheiten

# Die wichtigsten Infektionskrankheiten

Wie beim Hund können auch bei der Katze durch bestimmte Impfungen die wichtigsten Infektionskrankheiten – und damit auch eine mögliche Übertragung auf den Menschen – vermieden werden.

Bei allen im Folgenden aufgeführten Erkrankungen können Allgemeinsymptome wie Erbrechen, Durchfall, Abmagerung, Mattigkeit, Futterverweigerung und Fieber auftreten.

Sie sehen also auch hier, Erbrechen und Durchfall sind nur Symptome, keine Erkrankungen *(siehe Kapitel Erste Hilfe, Seite 53 ff.)*.

## Allgemeiner Katzenschnupfen

Der allgemeine oder ansteckende Katzenschnupfen wird hauptsächlich durch zwei Virusarten verursacht. Zusätzlich können Bakterien den Verlauf deutlich verschlimmern.

Das erste beteiligte Virus ist ein *Herpesvirus,* das durch direkten Kontakt der Katzen untereinander oder über Futternäpfe und gegenseitiges Putzen übertragen wird. Vor allem junge Katzen (12 Wochen und jünger), aber auch erwachsene unter extremen Stress-Situationen sind besonders empfänglich. Nach einer Inkubationszeit von einigen Tagen kommt es zu den typischen Symptomen: häufiges Niesen, Bindehautentzündung, Nasenausfluss, Mandelentzündung, wobei diese Symptome in aller Regel nach einigen Tagen wieder verschwinden.

Bei besonders hohem Infektionsdruck oder bei geschwächten kleinen Katzen kann sich die Infektion aber weiter ausbreiten. Die Folgen (verstärkt durch bakterielle Sekundärerreger) sind eitriger Nasen- und Augenausfluss, Verletzungen der Zunge (sehr schmerzhaft – führt zu Futterverweigerung) sowie Entzündung der Luftröhre und der Lunge (Bronchopneumonie), die in besonders schwerwiegenden Fällen sogar zum Tod der Katze führen kann.

Wie die Symptome bereits vermuten lassen, wird das Virus über die oberen Atemwege ausgeschieden. Nach dem Abklingen der Beschwerden ist die Katze über einen Zeitraum von ca. 6 Monaten gegen eine erneute Infektion immun, danach kann sie sich jedoch jederzeit wieder anstecken.

Das zweite an der Infektion beteiligte Virus ist ein *Calicivirus*. Wie auch das Herpesvirus kommt es weltweit vor und wird ebenfalls durch direkten Kontakt übertragen. Neben den allgemeinen Symptomen führt es jedoch zu geschwürartigen Einschmelzungen (Ulcerationen) im Zungen- und Gaumenbereich, die sehr schmerzhaft für die Katze sind und zu Fressunlust führen. Die Erkrankung verschlimmert sich, wenn Sekundärerreger hinzukommen. Eitriger Augen- und Nasenausfluss sowie massive Entzündungen im Zungen- und Zahnfleischbereich können sich ausbilden.

Ist das Immunsystem der Katze weitgehend in Ordnung, werden beide Virusinfektionen im Allgemeinen ohne größere Beschwerden überstanden. Geschwächte und gestresste Katzen (z. B. nach einer Geburt) sind aber für eine Infektion besonders anfällig.

Die Behandlung des Allgemeinen Katzenschnupfens beschränkt sich darauf, bakterielle Sekundärinfektionen zu verhindern. Außerdem ist es in dieser Situation besonders wichtig, dass die Katze ausreichend Flüssigkeit und eine ausgewogene Nahrung zu sich nimmt. Sekretreste an Augen, Nase und Mund können Sie mit körperwarmem Wasser entfernen.

Prophylaktisch sollten alle Katzen nach zweimaliger Grundimmunisierung durch jährliche Auffrischung (Boosterung) gegen Katzenschnupfen geimpft werden *(siehe Impfschema Katzen, Seite 103)*.

## Katzenseuche (Feline Parvovirose)

Dieses Virus ist eng verwandt mit dem caninen (Hunde)-Parvovirus, wobei eine Übertragung von Hund auf Katze und umgekehrt nicht stattfindet. Das Virus vermehrt sich nur in Zellkernen, die sich schnell bzw. häufig teilen (Darmgewebe, Knochenmark, Zellen des lymphatischen Gewebes). Die Hauptausscheidung dieses in der Außenwelt lange überlebensfähigen Virus (bei Zimmertemperatur bis zu einem Jahr) erfolgt über den Kot sowie über alle Körperflüssigkeiten. Das Virus wird über die Schleimhäute von Nase und Fang aufgenommen, in denen es sich auch vermehrt. Von dort breitet es sich weiter in die lymphatischen und anderen Organe aus. Die Zellen des weißen Blutbildes werden durch das Virus zerstört, was zu der für die Infektion typischen Panleukopenie (Verminderung aller Zellen des weißen Blutbildes) führt. Nach einer Inkubationszeit von 3–6 Tagen kann die Katze erkranken. Neben hohem Fieber, Schwäche, Fressunlust und Erbrechen treten als weitere Symptome schwerer, anfangs nur wässriger, dann blutig-wässriger Durchfall hinzu. Durch den starken Flüssigkeitsverlust trocknet die Katze schnell aus und wird apathisch; nicht selten führt die Erkrankung im fortgeschrittenen Stadium zum Tod. Auf alle Fälle können aber durch diese Infektion – aufgrund des zerstörten Darmepithels – chronische und nicht zu behandelnde Durchfälle auftreten.

Gefährdet sind Katzen im Alter von 6 Wochen (der Antikörperschutz durch die Mutter sinkt dann ab) bis zu 6 Monaten.

Bei der Behandlung dieser Infektion werden vor allem Infusionen eingesetzt, um den Flüssigkeitsverlust aufzufangen. Diese werden mit Antibiotika sowie Medikamenten kombiniert, die eine Beruhigung des gesamten Magen-Darm-Kanals bewirken.

Prophylaktisch werden Katzen durch zweimalige Grundimmunisierung sowie jährliche Wiederauffrischung gegen diese Erkrankung geimpft *(siehe Impfschema Katzen, Seite 103)*.

Da der Erreger in der Umwelt sehr lange überlebensfähig ist, kann der Mensch das Virus an Kleidern oder

Schuhen mit in die Wohnung tragen und somit auch reine Wohnungskatzen infizieren.

## Leukose (FeLV – Felines Leukämievirus)

Die durch das Feline Leukämievirus (FeLV) verursachte Leukose oder Leukämie ist eine der häufigsten und schwerwiegendsten Infektionskrankheiten der Katze. Die Ansteckung mit diesem Virus, das in der Außenwelt nicht lange überlebensfähig ist, erfolgt über die Schleimhaut von Mund und Nase, wo es sich zunächst vermehrt. Gesunde Katzen infizieren sich meist direkt von Katze zu Katze (Beschnüffeln, Belecken und Beißen), aber auch indirekt, wenn z. B. gleiche Futter- und Wassernäpfe benutzt werden. Katzen bis zu einem Alter von 16 Wochen sind besonders empfänglich für eine Infektion. Bei großem Infektionsdruck (z. B. in Tierheimen) oder in besonderen Stress-Situationen (z. B. bei Ausstellungen) können sich auch ältere Katzen infizieren.

Über die Mandeln (Tonsillen) im Hals- und Rachenbereich gelangt das Virus über die Lymphozyten ins Blut und damit weiter ins Knochenmark, wo es sich vorwiegend vermehrt. Anschließend wird es über die Blutgefäße in sämtliche Organe ausgeschwemmt und kann somit natürlich auch über Harn, Kot und vor allem Speichel wieder ausgeschieden werden.

Nach einer Ansteckung können Monate oder Jahre vergehen, bis die Erkrankung ausbricht.

Die Beschwerden sind sehr vielfältig und reichen von allgemeinen Symptomen (Schwäche, Abmagerung, Zahnfleischentzündungen) über Knochenmarkschäden, Tumoren der lymphatischen Gewebe (u. a. Milz und Lymphknoten) bis hin zu neurologischen Erscheinungen und Fruchtbarkeitsstörungen, um nur einige zu nennen. Eine Behandlung der eigentlichen Erkrankung ist nicht möglich. Die Therapie ist stets nur auf die Symptome ausgerichtet. Um eine Weiterverbreitung zu verhindern, sollte die Katze von anderen getrennt werden. Das gilt natürlich für alle Katzen, die sich infiziert haben, auch wenn sie noch nicht erkrankt sind. Das Virus können sie bereits in diesem Stadium übertragen.

Die Diagnose stützt sich im Allgemeinen auf eine Blutuntersuchung. Um sicherzugehen, muss unter Umständen sogar das Knochenmark untersucht werden.

Eine wichtige Vorbeugung bieten die zweimalige Grundimmunisierung und die jährliche Wiederauffrischung, vor allem bei Freigängern (*siehe Impfschema Katzen, Seite 103*). Allerdings bietet auch eine Impfung keinen 100-prozentigen Schutz vor einer Infektion.

## Felines Immunschwäche-Virus oder »Katzenaids« (FIV)

Das FIV ist verwandt mit dem HIV beim Menschen, wobei eine FIV-positive Katze aber keine Gefahr für den

# So versorgen Sie Ihre Katze im Notfall

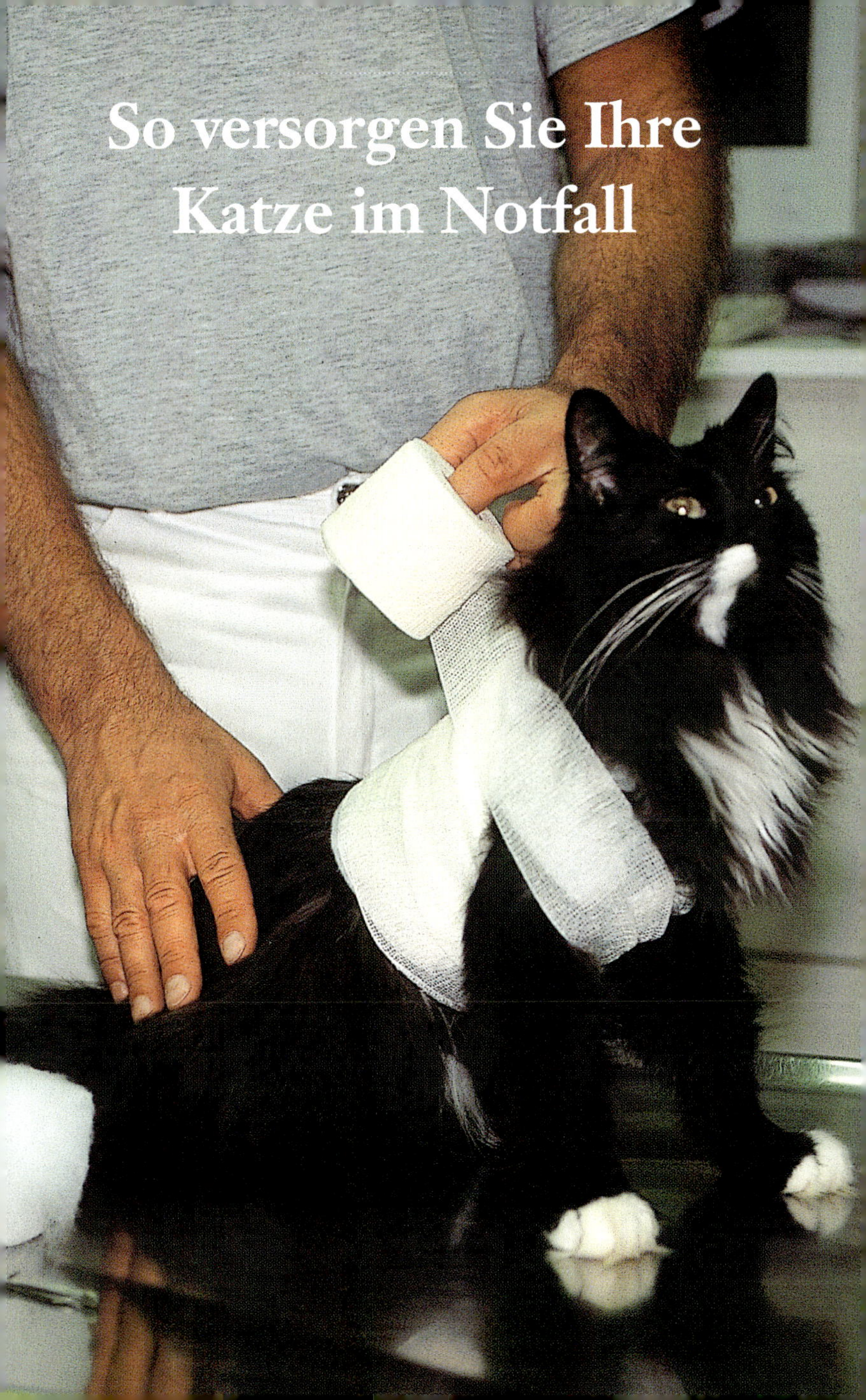

1 Eingewachsene Krallen müssen nicht sein: Mit Hilfe eines Nagelknipsers können Sie die Krallen regelmäßig auf das notwendige Maß kürzen.

2 Der Verband sollte immer aus einer fusselfreien Wundabdeckung (z. B. Kompresse oder Tupfer), Polsterwatte, einer elastischen Binde und Pflaster oder Tapeverband bestehen.

5 Beim Pfotenverband ist das Abpolstern der Zwischenzehenbereiche besonders wichtig, da sich leicht Druckstellen zwischen den einzelnen Zehen bilden.

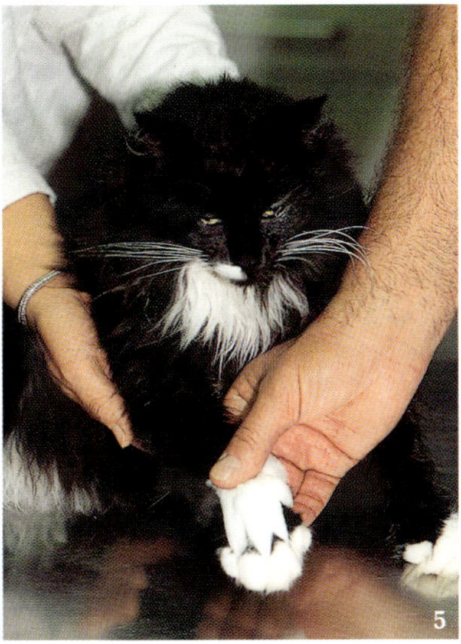

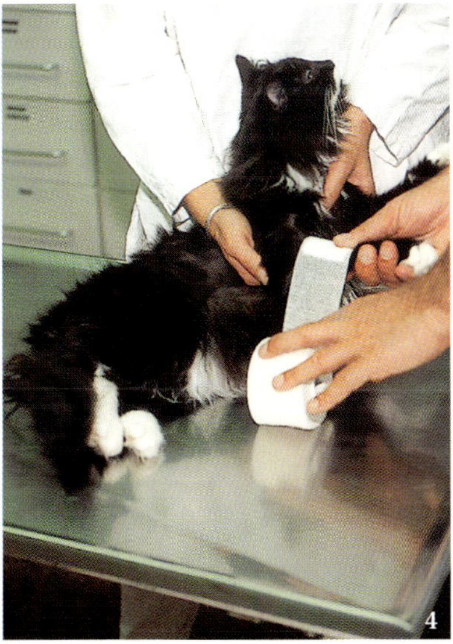

3 Bei einem Druckverband wird die Kompresse fest auf die Wunde gedrückt, um die Blutung zu stoppen.

4 Mit einer elastischen Binde wird die Abdeckung danach befestigt. Der Verband sollte nur bis zum Arztbesuch auf der Wunde bleiben.

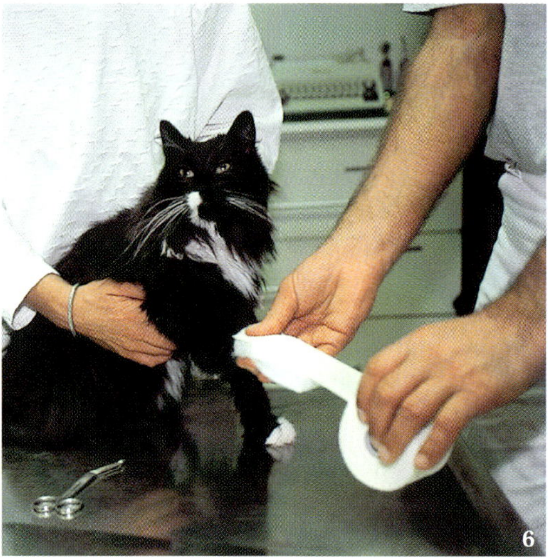

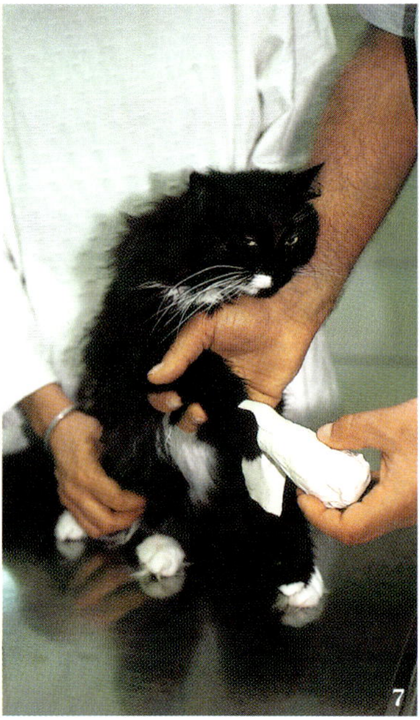

6 Zum besseren Schutz wird die verletzte Pfote mit Watte und einer elastischen Binde umwickelt.

7 Der abschließende Tapeverband wird zunächst locker auf das Fell gelegt und anschließend fest angedrückt.

8 Befindet sich die Wunde an einem Gelenk, achten Sie darauf, dass der Verband das Tier so wenig wie möglich einschränkt. Das Bein muss in seiner natürlichen Stellung verbunden werden.

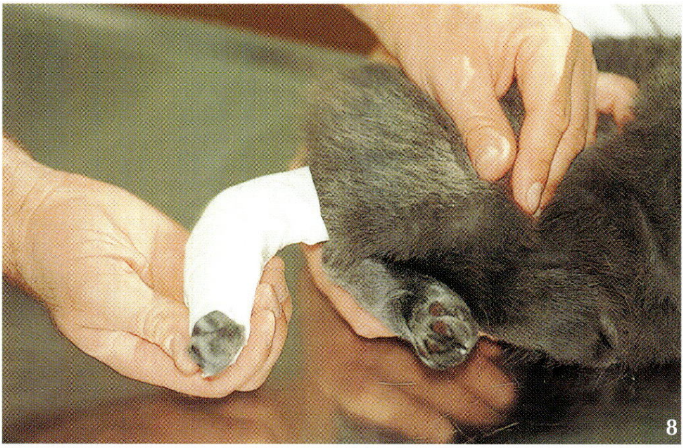
8

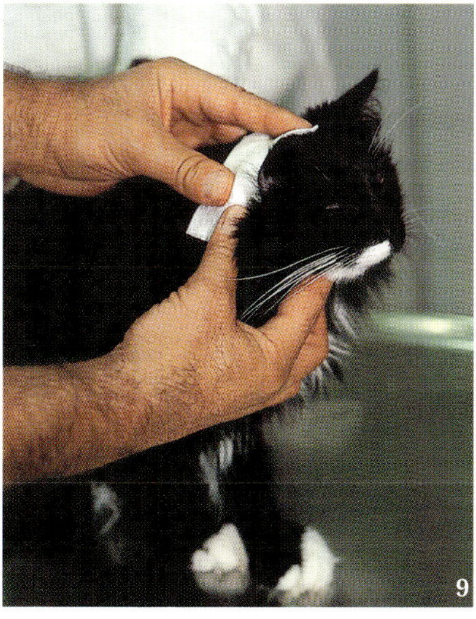
9

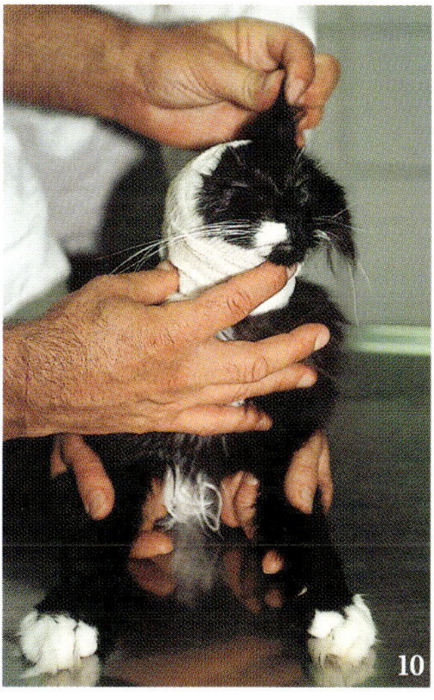
10

9 Beim Kopfverband muss als Erstes die Wunde mit einer Kompresse abgedeckt werden. Halten Sie das Ohr dazu an den Kopf.

10 In den Verband darf nur das verletzte Ohr einbezogen werden, das zweite Ohr sollte frei bleiben.

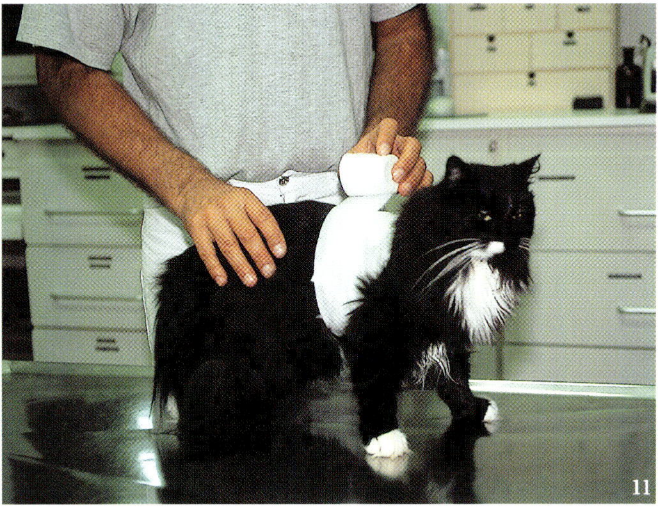


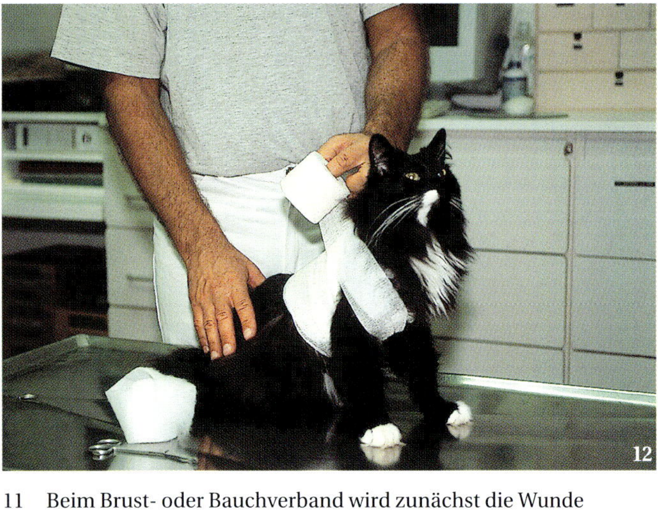


11 Beim Brust- oder Bauchverband wird zunächst die Wunde abgedeckt und der Brustkorb anschließend mit einer elastischen Binde umwickelt.

12 Der Verband wird in Achtern gelegt und bezieht die Schultern mit ein, damit er nicht verrutschen kann.

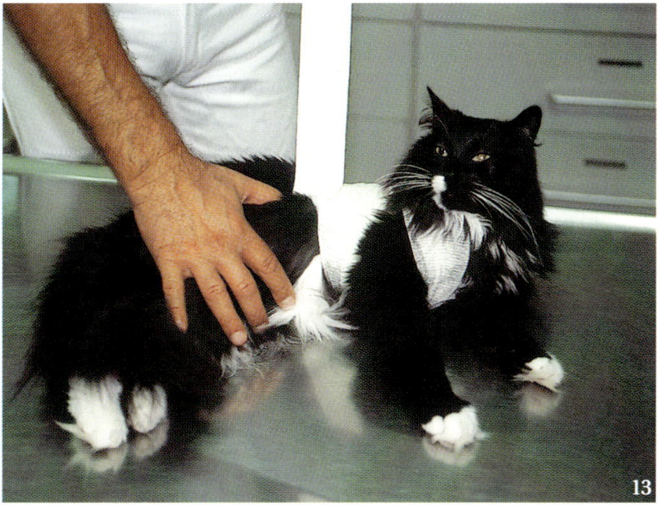

13 Der Tapeverband wird je zur Hälfte auf das Fell und auf den Verband gelegt und anschließend festgedrückt.

14 Beim Stülpa-Verband wird ein Verbandsschlauch über den Körper der Katze gezogen und damit die Wundabdeckung im Brust- oder Bauchbereich fixiert.

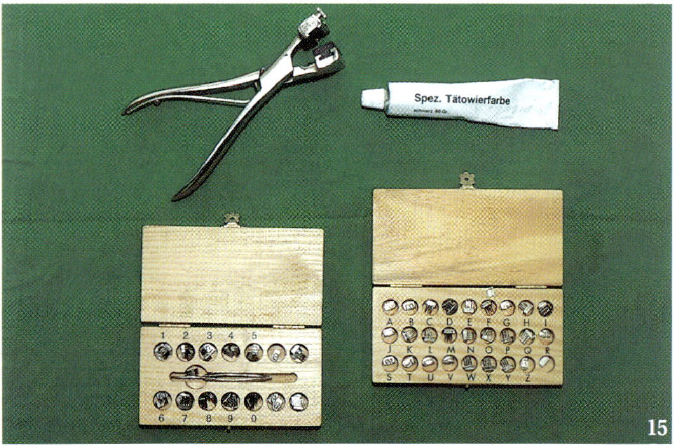


15

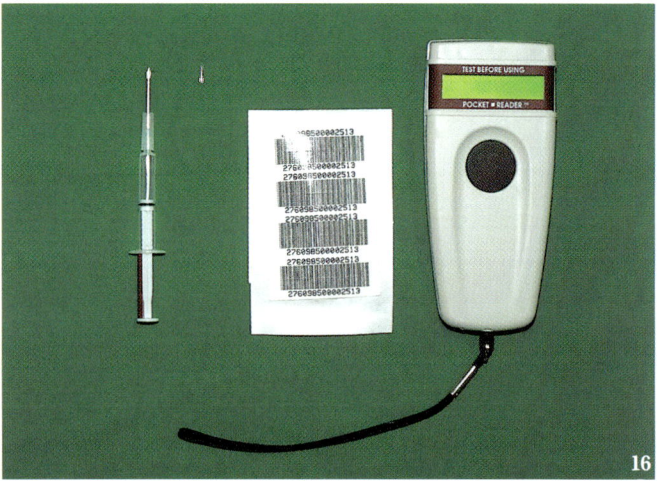


16

15 Mit einer Zange werden bei der herkömmlichen Tätowierung unter Vollnarkose Buchstaben und Zahlen in die Haut des Tieres gestanzt und anschließend gefärbt.

16 Bei der elektronischen Markierung wird mit einer Kanüle ein Mikrochip unter die Haut gebracht. Das Tier kann dann mit einem Lesegerät über die gespeicherte Kennzeichnung identifiziert werden.

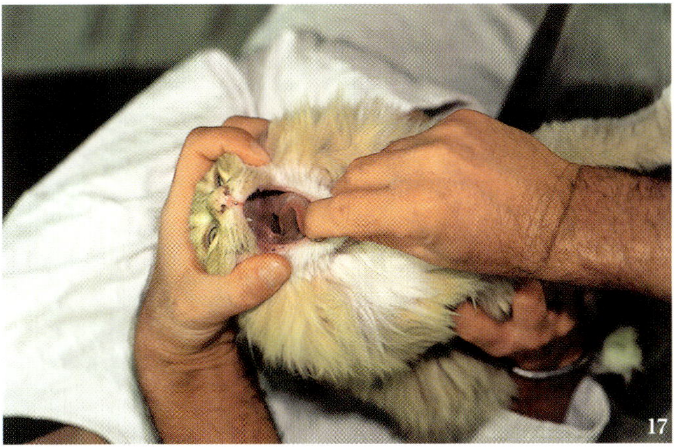

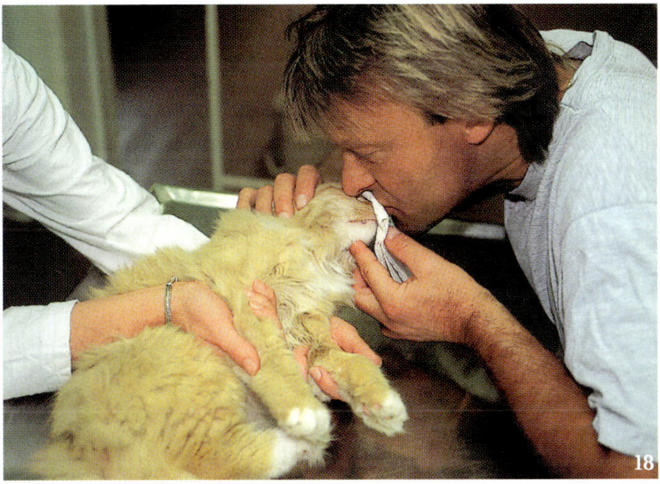

17 Wenn das Tier nicht mehr atmet, öffnen Sie den Fang und ziehen Sie die Zunge nach vorne.

18 Bei einer Mund-zu-Schnauze-Beatmung legen Sie ein Taschentuch vor Ihren Mund und beatmen das Tier durch dessen Nase.

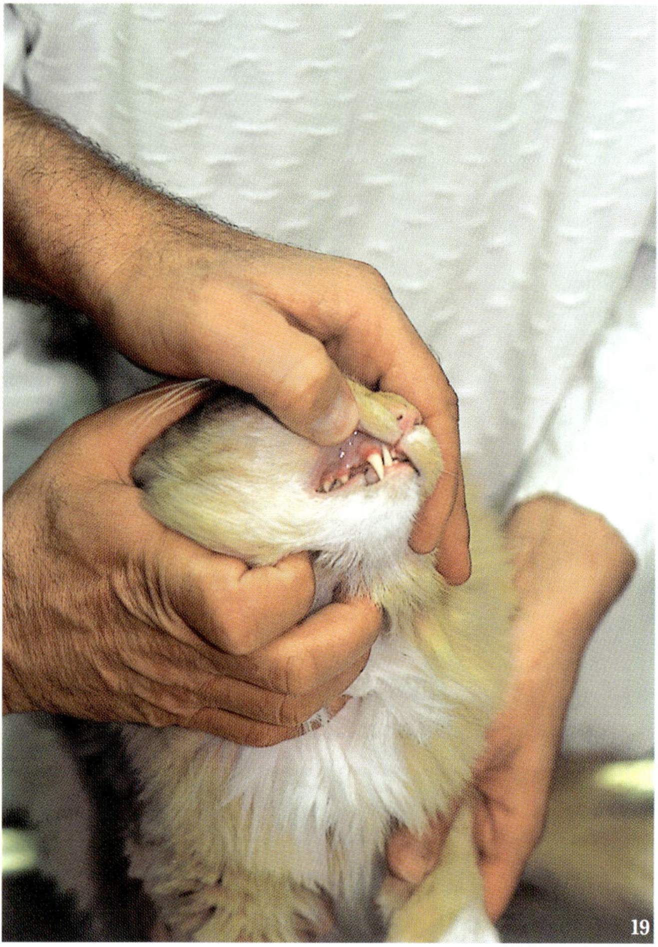


19 Um die Durchblutung zu überprüfen, drücken Sie mit dem Finger gegen die Schleimhäute an den Lippen und führen so eine vorübergehende Blutleere herbei. Die Schleimhäute sollten innerhalb von zwei Sekunden nach dem Druck wieder ihre normale Farbe haben.

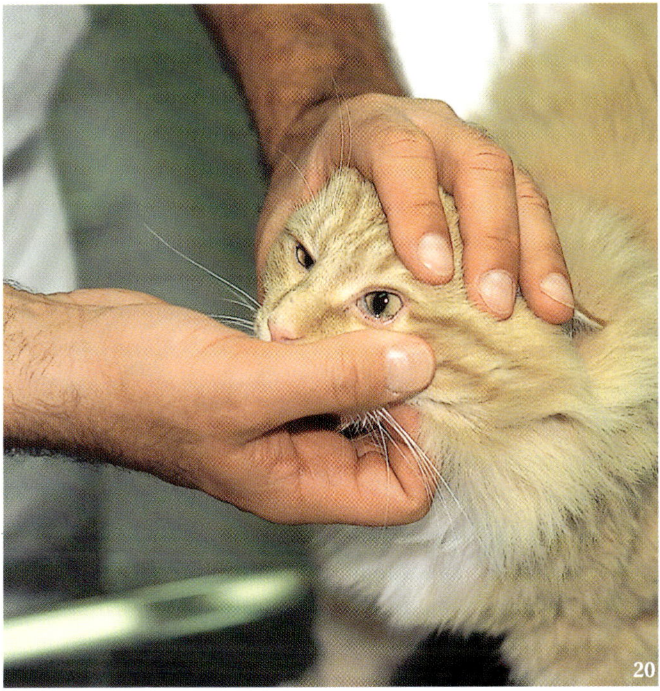


20 Die Farbe der Schleimhäute sagt etwas über Herz, Kreislauf und Stoffwechsel aus. Am leichtesten überprüfen Sie die Bindehaut am Auge, die bei einem gesunden Tier blassrosa ist.

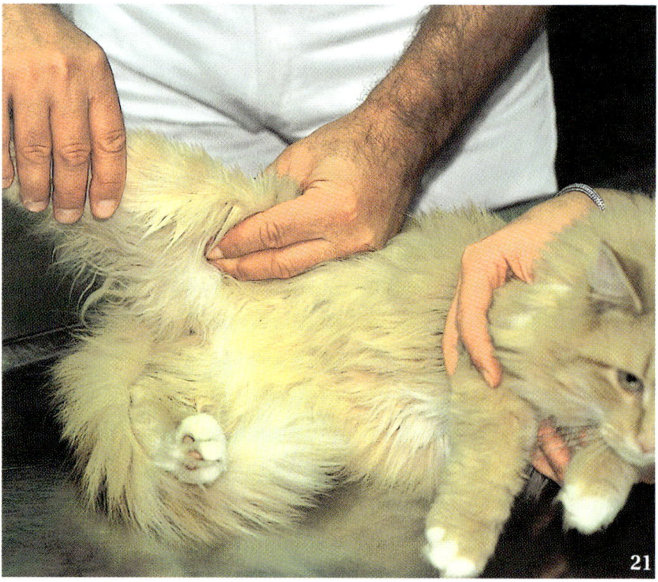


21 Auf der Innenseite des Oberschenkels lässt sich der Puls gut messen.

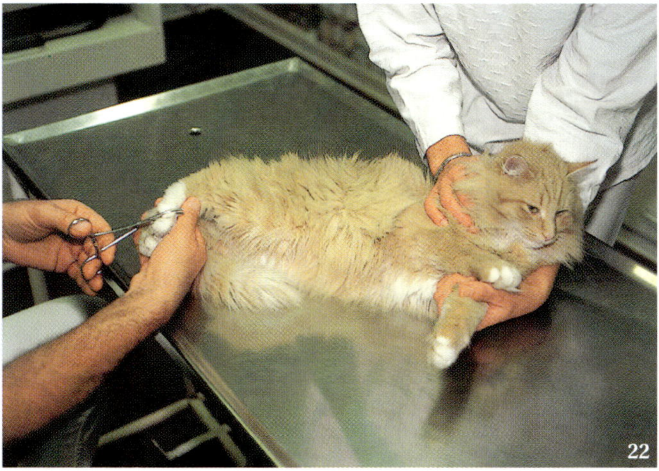

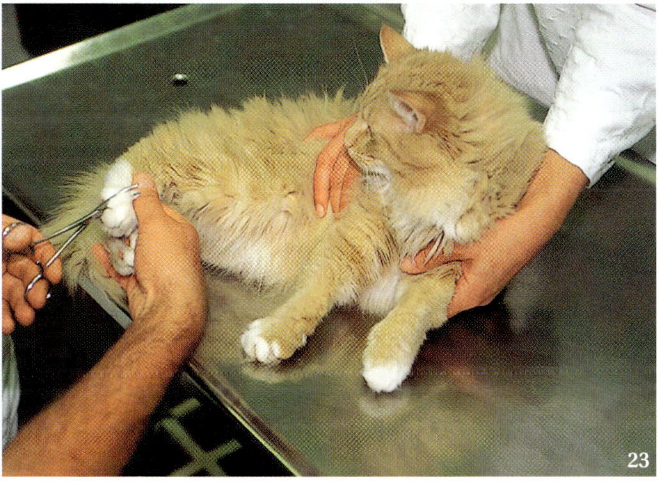

22 Kneifen Sie das Tier an den Zehen, um seine Reaktion zu überprüfen.

23 Zeigt es eine deutliche Reaktion, z. B. indem es den Kopf hebt, wurde der Reiz an das Gehirn weitergegeben.

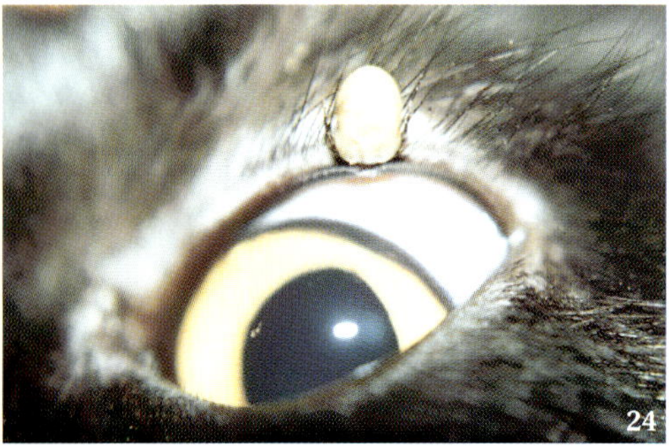


24 Zecken beißen sich bevorzugt am Kopf, Hals oder Nacken des Tieres fest, aber auch direkt am Augenlid.

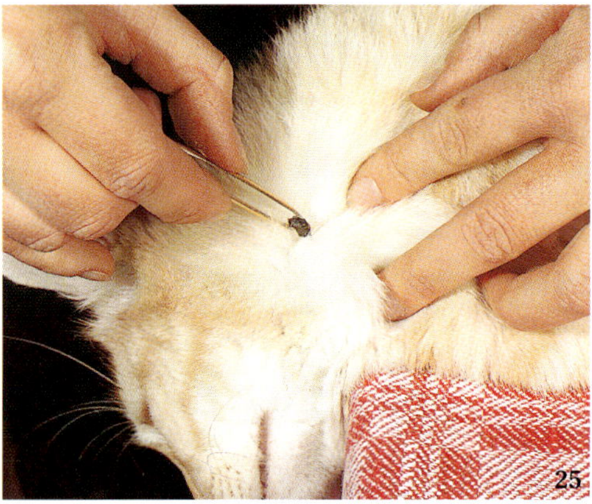


25 Mit einer Pinzette lassen sich Zecken vorsichtig herausdrehen.

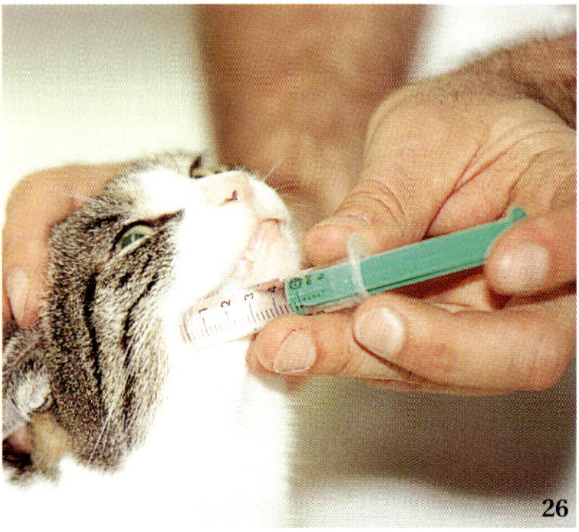


26 Am einfachsten ist es, flüssige Medikamente in die Backentaschen einzuspritzen.

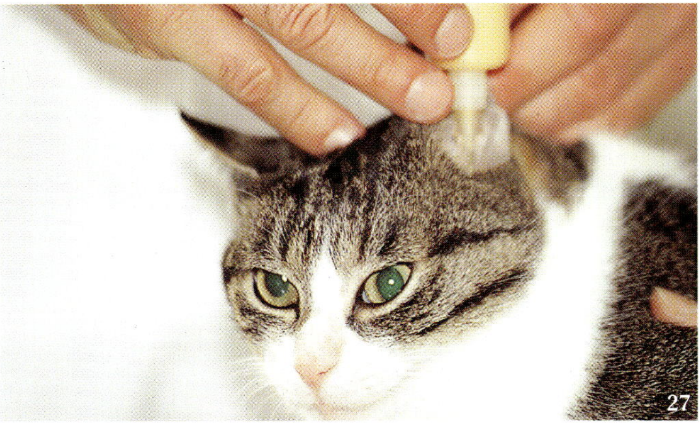


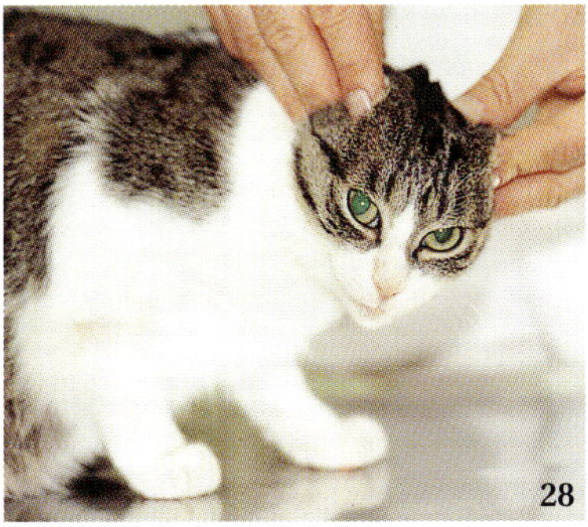


27 Ohrentropfen möglichst tief in den Gehörgang einbringen …

28 … und danach mit einer vorsichtigen Massage im Gehörgang verteilen.

29 Achten Sie bei der Anwendung von Augentropfen darauf, dass Sie die Hornhaut nicht berühren.

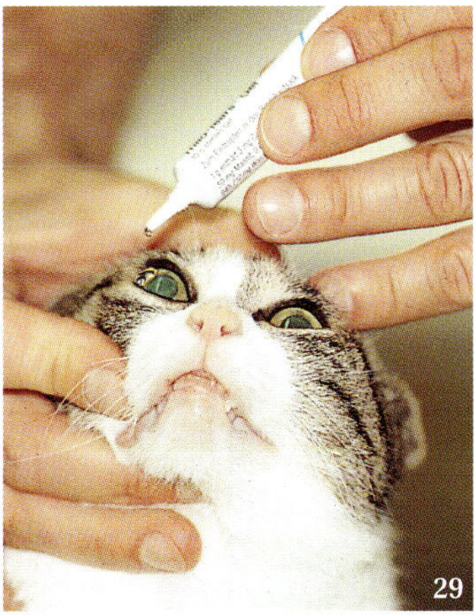

30

31

30 Die Katze braucht ein Nest, in dem sie ihre Jungen großzieht.

31 Wenn Sie junge Katzen ohne die Mutter aufziehen, helfen Sie bei der Verdauung ein wenig nach, indem Sie den Bauch massieren.

Menschen darstellt. Die Übertragung von Katze zu Katze findet durch Bissverletzungen statt, daher sind freilaufende, unkastrierte Kater aufgrund ihrer häufigen Revierkämpfe besonders gefährdet. Nach der Ansteckung vergehen oft einige Jahre bis zum Ausbruch der Erkrankung. Im Körper der Katze befällt das Virus das Lymphsystem und schwächt die Immunabwehr. Die Symptome reichen von Mundschleimhaut- und Zahnfleischentzündungen bis hin zu bakteriellen Infektionen von Haut, Harnblase und Atmungsapparat. Sie können so vielgestaltig sein, dass eine sichere Abgrenzung gegenüber anderen Erkrankungen nur durch eine Blutuntersuchung möglich ist. Hierbei werden Antikörper nachgewiesen, die die Katze gegen das FIV bildet. Diese Antikörper zirkulieren stets im Blutkreislauf der Katze, schützen sie aber nicht vor einem Krankheitsausbruch. Bei einem positiven Nachweis kann man von einer Infektion ausgehen.

Leider gibt es bis heute keine Möglichkeit, durch eine entsprechende Behandlung das Virus aus dem Körper der Katze zu eliminieren. Die Therapie beschränkt sich auch hier auf die Behandlung der Symptome. Vorbeugend sollten alle Katzen getestet werden, die in einem Haushalt zusammenleben. Infizierte und nichtinfizierte Tiere müssen getrennt werden, alle neu hinzugekommenen sind ebenfalls auf FIV zu testen. Bei Freigängern kann eine Infektion nicht verhindert, aber das Risiko durch eine Kastration gemindert werden. Ein Impfstoff gegen FIV ist derzeit noch nicht auf dem Markt.

## Tollwut (Rabies)

Eine der gefährlichsten Krankheiten für Mensch und Tier ist die Tollwut. Dank veterinärpolizeilicher Maßnahmen ist es gelungen, die bis heute unheilbare Infektion einzudämmen. Sie kommt aber immer noch in einigen Gebieten vor.

Es besteht aufgrund des für den Menschen meist tödlichen Verlaufs Anzeigepflicht.

Der Hauptinfektionsweg verläuft über die verletzte Haut, das heißt über eine Bissverletzung durch ein infiziertes Tier. Gelangt das Virus in die Muskulatur, kommt es dort zur Vermehrung und wandert über die Nervenbahnen zum Rückenmark und zum Zentralnervensystem. Hier erfolgt die Hauptvermehrung und anschließend die Ausbreitung über die Nervenbahnen in alle Organe, vor allem in die Augen und die Speicheldrüsen.

Die Inkubationszeit kann von 14 Tagen bis zu 12 Monaten variieren. Die Symptome stehen in Zusammenhang mit der nervalen Ausbreitung: Sie reichen von nur geringen Wesensänderungen (Beißen, Angst, Unruhe o. ä.) über gesteigerte Aggressivität, Speicheln, Futterverweigerung, rasende Wut bis hin zu hochgradigen Lähmungserscheinungen (Kehlkopf), Erschöpfung und schließlich dem Tod. Bei zunehmendem Auftreten der »stillen Wut«, das heißt ohne deutliche klinische Symptome (Teilnahmslosigkeit, Speicheln, Schielen, Lähmung von Unterkiefer, Rumpf und/oder Gliedmaßen, alles insgesamt nur gering ausgebildet), ist es schwierig, eine eindeutige Diagnose zu stellen.

Grundsätzlich sollte in tollwutgefährdeten Gebieten bei Katzen mit neurologischen Ausfallerscheinungen immer an die Möglichkeit einer Tollwutinfektion gedacht werden.

Besteht ein Tollwutverdacht, so hat der zuständige Amtstierarzt alle weiteren Maßnahmen zu treffen; er allein ist befugt, weitere Untersuchungen einzuleiten.

Prophylaktisch sollten Freigänger regelmäßig einmal jährlich gegen Tollwut geimpft werden *(siehe Impfschema Katzen, Seite 103)*.

## Feline Infektiöse Peritonitis (FIP)

FIP ist eine weitere häufig vorkommende Infektionskrankheit bei Katzen. Der gesamte Erkrankungsverlauf ist bis heute noch nicht vollständig geklärt. Eine Übertragung kann vom Muttertier auf die Föten erfolgen, da das Virus mit den weißen Blutkörperchen im Körper verbreitet wird. Ebenso ist die orale Aufnahme möglich, wobei das Virus die Epithelien des Darmes und der oberen Luftwege besiedelt und sich dort vermehrt.

Gefährdet sind Katzen im Alter von 6 Monaten bis zu 5 Jahren. Inzwischen weiß man, dass nicht alle Katzen, die infiziert sind, auch erkranken. Der Krankheitsausbruch ist vielmehr davon abhängig, wie gut Immun- und Abwehrsystem der Katze funktionieren. Frühe Anzeichen einer Infektion sind Fieber und Fressunlust. In vielen Fällen entwickelt sich die »feuchte« Form der FIP, bei der es zu typischen, fadenziehenden, gelblichen Ergüssen in die Bauch- oder Brusthöhle kommt. Bei der »trockenen« Form sind u. a. Bauch- oder Brustfell mit entzündlichen Ablagerungen übersät. In weniger charakteristischen Formen treten Veränderungen an Leber, Nieren, Augen und am Zentralnervensystem auf.

Eine wirksame Behandlung dieser in den meisten Fällen tödlich verlaufenden Erkrankung gibt es bislang nicht. Vorbeugend wirkt eine möglichst stressfreie Umgebung, zusätzlich sollten nicht zu viele Katzen auf kleinem Raum gehalten werden. Auch die Hygiene spielt hier eine wichtige Rolle. Eine Impfung ist zwar auf dem Markt erhältlich, Sie sollten aber vorher auf alle Fälle mit Ihrem Tierarzt Nutzen und mögliche Risiken abwägen.

## Toxoplasmose

Im Gegensatz zu den bisher aufgeführten viralen Erkrankungen ist die Toxoplasmose *(Toxoplasma gondii)* eine Erkrankung, die durch einen einzelligen Parasiten verursacht wird. Die Katze ist dabei der Endwirt dieser meist symptomlos verlaufenden Infektion. Nager und Heimtiere sowie Schweine, Schafe und vor allem Menschen dienen als Zwischenwirte. Im Organismus der Katze wird vorwiegend der Dünndarm befallen. Zum anderen können Entwicklungsstufen des Parasiten auch über Blut- und Lymphgefäße in andere Organe gelangen, sich dort abkapseln und weiterentwickeln, um im Dünndarm der Katze ihre Entwicklung abzuschließen. Hier werden vom Parasiten die infektiösen Stadien (Oozysten) über den Kot ausgeschieden. Diese Oozysten sind in der Außenwelt sehr widerstandsfähig, in feuchter Erde (Garten oder Sandkiste) können sie bis zu 24 Monate infektiös bleiben.

## Schwangere sollten Katzen meiden

*Menschen infizieren sich mit Toxoplasmose in erster Linie durch den Verzehr von rohem Schweine- oder Schaffleisch, aber auch durch die Aufnahme von Oozysten, die mit dem Kot infizierter Katzen ausgeschieden werden, also besonders bei der Reinigung der Katzentoilette. Die Oozysten können sich ebenso an der Katze befinden bzw. von der Katze in der Wohnung verteilt werden. In aller Regel verläuft die Infektion für den Menschen symptomlos. Ernsthaft erkranken können nur stark abwehrgeschwächte Personen.*

*Eine besondere Gefahr besteht allerdings für schwangere Frauen, die noch keine Infektion durchgemacht und daher keine Antikörper aufgebaut haben. Infiziert sich eine Frau während der ersten 3 Monate der Schwangerschaft, kann es zu Fehl-, Früh- oder Totgeburten sowie Entwicklungsstörungen des Kindes kommen. Bei Infektionen nach dem 4. Monat können Entwicklungsbehinderungen des Zentralnervensystems mit mehr oder weniger stark ausge-*

*prägten Symptomen im Klein- oder Schulkindalter auftreten.*
*Eine Frau, die vor der Schwangerschaft toxoplasma-positiv ist, hat keine Komplikationen für sich oder das Kind zu erwarten.*
*Zur Verhütung einer Infektion sollte ein inniger, unhygienischer Kontakt mit Katzen vermieden und auf rohes Schweine- oder Schaffleisch verzichtet werden. Gründliches Händewaschen nach dem Kochen von rohem Fleisch, dem Spielen im Sandkasten sowie dem Umgang mit Katzen gebietet sich von selbst. Gartengemüse und Obst sollte besser gewaschen werden. Die tägliche Reinigung der Katzentoilette sollte von Schwangeren nicht durchgeführt werden, ebenso sollten nicht immune Schwangere auf Gartenarbeit verzichten.*

Katzen können sich entweder durch Aufnahme der Oozysten oder den Verzehr von rohem Schweine- und Schaffleisch sowie ihrer Beutetiere (Nager) infizieren, wobei sie nur sehr selten ernsthaft an Toxoplasmose erkranken.

Bei Jungtieren sind allerdings Symptome wie fiebriger Durchfall, Störungen des Zentralnervensystems oder Veränderungen des Herzmuskels möglich. Die Erkrankung kann bei ihnen sogar zum Tod führen.

Die Diagnose erfolgt entweder über den mikroskopischen Nachweis der Oozysten im Kot oder über eine Blutuntersuchung, bei der festgestellt wird, ob das Tier

Antikörper gebildet hat. Für die Behandlung stehen entsprechende Medikamente zur Verfügung. Vorbeugend sollte kein rohes Fleisch an Wohnungskatzen verfüttert und die Katzentoilette täglich gereinigt werden.

## Impfschema für Katzen

*Bei der Immunisierung der Katzen muss zwischen reinen »Hauskatzen« und »Freigängern« unterschieden werden.*

| Impfschema für Hauskatzen | | | | |
|---|---|---|---|---|
| Erkrankung | Lebenswoche | | | |
| | 8. | 12. | 14. | 18. |
| Katzenschnupfen | □ | ■ | | |
| Katzenseuche | □ | ■ | | |

*Wird die Katze auf Reisen ins Ausland mitgenommen, ist eine zusätzliche Impfung gegen Tollwut erforderlich. Die Wiederholungsimpfungen erfolgen in jährlichen Abständen.*

| Impfschema für Freigänger | | | | |
|---|---|---|---|---|
| Erkrankung | Lebenswoche | | | |
| | 8. | 12. | 14. | 18. |
| Katzenschnupfen | □ | ■ | | |
| Katzenseuche | □ | ■ | | |
| Leukose | | | □ | ■ |
| Tollwut | | □ | | |
| FIP | | | □ | ■ |

□ = *1. Grundimmunisierung* ■ = *2. Grundimmunisierung*

*Die Wiederholungsimpfungen erfolgen in jährlichen Abständen.*

Anmerkung: *Dieses Schema hat sich in meiner Praxis bewährt, es gibt jedoch keine allgemeingültigen Regeln. Das gilt im Besonderen für die Impfung gegen FIP, die umstritten ist.*
*Informieren Sie sich deshalb ausführlich bei Ihrem Tierarzt.*

## Wurmbefall

Spul-, Haken- und Bandwürmer sind die am häufigsten vorkommenden Wurmarten bei Katzen in Deutschland. Daneben existieren natürlich vereinzelt noch andere Wurmarten, mit denen vor allem Katzen befallen sind, die aus mittel- und außereuropäischen Ländern kommen.

### Spulwürmer

Zahlenmäßig an erster Stelle steht der Befall mit Askariden (Toxocara mystax und Toxascaris leonia). Diese

Würmer sind ca. 5–10 cm lang, weiß und rund. Sie parasitieren im Dünndarm der Katze. Die erwachsenen Würmer legen Eier, die über den Kot nach außen gelangen und aus denen sich unter günstigen Bedingungen (Temperatur/Feuchtigkeit) die infektionsfähigen Larven entwickeln.

Spulwurmeier können in feuchten Böden Jahre überleben.

Die Eier werden auch von Kleinnagern aufgenommen. Die Larven kapseln sich in den einzelnen Organen ab und sind dort über einen langen Zeitraum überlebensfähig. Freilaufende Katzen infizieren sich so über Ihre Beute. Eine Ansteckung der Katze kann auch über die direkte Aufnahme der Wurmeier (Schmutzinfektion) geschehen. Die Hauptansteckungsquelle bildet jedoch die Übertragung vom Muttertier auf die Katzenwelpen über die Milch (galaktogene Infektion). Die weitere Entwicklung der Würmer erfolgt in diesem Fall in der Magen- und Darmwand, die erwachsenen (adulten) Würmer siedeln sich schließlich im Dünndarm an.

Werden Wurmeier hingegen oral aufgenommen, erfolgt eine Wanderphase der Larven: von der Magen- und Darmwand über die Blutgefäße zur Lunge, wo sie ausgehustet und abgeschluckt werden, um erneut in den Magen-Darm-Kanal zu gelangen. Die endgültige Entwicklung erfolgt im Dünndarm. Einige Larven werden aber auch in anderen Geweben (Muskulatur, Magenwand) eingekapselt und erst unter hormonellem Einfluss gegen Ende der Trächtigkeit aktiviert und mobilisiert. Jetzt gelangen sie in die Milchdrüse und werden während der gesamten Zeit, in der das Katzenjunge gesäugt wird, über die Milch ausgeschieden.

In aller Regel verlaufen Infektionen mit Spulwürmern harmlos. Massiver Befall kann zu Durchfällen, Abmagerung, Haarausfall oder Kümmern führen.

Gelegentlich werden unreife Würmer erbrochen. Die Diagnose wird durch eine Kotuntersuchung gestellt. Würmer in der Wanderphase können jedoch nicht nachgewiesen werden, da sie noch nicht geschlechtsreif sind und keine Eier ausscheiden.

## Können Spulwürmer auf Menschen übertragen werden?

*Für den Menschen besteht bei der Aufnahme von infektionsfähigen Eiern ebenfalls die Gefahr einer Infektion. Die Larven können kleine Abkapselungen (Granulome) in Leber, Lunge, Zentralnervensystem oder Augen hervorrufen. Das Krankheitsbild heißt* Larva migrans visceralis.

*Der Mensch infiziert sich sprichwörtlich »von der Hand in den Mund«, nämlich über Eier, die am Fell der Katze haften können.*

*Eine dauernde Infektionsgefahr besteht durch freilaufende Katzen, die Ihren Kot gerne im Sand verscharren. Dementsprechend häufig tritt die Erkrankung bei Kleinkindern auf, die sich auf Spielplätzen und Sandkisten oder bei einem nicht hygienischen Umgang mit Katzen infizieren.*

Die Behandlung mit entsprechenden Medikamenten sollte bei Jungkatzen ab der 2. Lebenswoche und dann in 14-tägigem Abstand erfolgen bis 4 Wochen nach dem Absetzen der Welpen. Parallel dazu sind die Muttertiere zu behandeln.

Ältere Katzen sind aufgrund ihrer besseren Immunabwehr nur noch selten mit geschlechtsreifen Würmern befallen. Routinemäßige Kotuntersuchungen in Halbjahresabständen bieten eine gute Vorsorge. Grundsätzlich sollte jedoch täglich der Kot aus den Katzentoiletten entfernt und diese gründlich gereinigt werden. Bei Freigängern ist eine Infektion allerdings nicht zu verhindern, da sie Mäuse und kleine Nager als Beutetiere fangen.

## Hakenwürmer

Eine weitere in Deutschland vorkommende Wurmart sind die Hakenwürmer *(Ankylostoma tubaeforme)*. Die kleinen, 10–20 mm langen Parasiten leben im Dünndarm ihres Wirts, heften sich dort an die Schleimhaut und ernähren sich von Blut- und Gewebeanteilen. Da sie ihren Platz häufig wechseln, können mehrere Stellen des Darms verletzt werden. Dabei wird das Blut von ihnen wieder ausgeschieden und dient wahrscheinlich nur der Sauerstoffversorgung. Junge Katzen sind besonders gefährdet, sie zeigen ein struppiges Fell, wollen nicht fressen, haben blutig-schleimigen Durchfall, leiden unter Gewichtsverlust und Anämie (Blutarmut), die zum Tod der Tiere führen kann. Bei älteren Katzen oder nur leicht infizierten Jungtieren treten die Symptome nur vereinzelt auf. Wird die Erkrankung chronisch, kommt es auch bei ihnen zu Gewichtsabnahme, struppigem Fell und Futterverweigerung.

Die ausgeschiedenen Larven finden in feuchter Umgebung bei Temperaturen zwischen 20 und 30 Grad optimale Entwicklungsbedingungen. Kleinnager als Transportwirt nehmen die Larven auf, die sich in den verschiedenen Geweben über einen längeren Zeitraum überlebensfähig halten. Werden die Beutetiere von der Katze gefressen, ist der Entwicklungszyklus geschlossen.

Ihre Katze kann sich allerdings auch über die Haut, z. B. die Fußballen, infizieren. Die Larven treten in den Körper ein und beginnen ihre Wanderung: von den Blutgefäßen über die Lunge, die Luftröhre und den Kehlkopf, durch Abschlucken kommen die Larven in den Magen-Darm-Kanal, wo sie ihre Entwicklung zu geschlechtsreifen Würmern vollenden.

Werden die Larven mit den Beutetieren aufgenommen, findet die Entwicklung zu erwachsenen Würmern ohne die Wanderung durch den Körper der Katze statt.

Auch Menschen können sich über Larven, die durch die Haut eindringen, infizieren; das Krankheitsbild nennt sich *Larva migrans cutanea*. Vor allem in Sandkisten, auf Spielplätzen und beim Barfußlaufen sind überwiegend Kinder gefährdet.

Die Behandlung infizierter Katzen erfolgt mit entsprechenden Wurmkuren. Selbstverständlich muss die Katzentoilette täglich gereinigt und der Kot entfernt werden.

## Nur selten: Magenwurm und Lungenwurm

*Der Magenwurm* (Ollulanus tricuspis) *ist bis 1 mm groß und lebt im Magenepithel. Er befällt vor allem Katzen in Koloniehaltung (wenn viele Katzen auf engem Raum zusammenleben) oder streunende Katzen. Die Ansteckung erfolgt nur, wenn wurm- oder larvenhaltiger erbrochener Mageninhalt aufgenommen wird. Eine Diagnose kann daher lediglich durch eine Untersuchung des Mageninhaltes erfolgen.*
*Symptome sind: Erbrechen, verminderte Futteraufnahme, Gewichtsverlust.*
*Der Lungenwurm* (Aelurostrongylus abstrusus) *ist ca. 5–10 mm lang. In der Regel treten keine klinischen Symptome auf, nur bei einer sehr schwerwiegenden Erkrankung kommt es zu Symptomen des Atmungstrakts (Husten, Niesen) sowie Gewichtsverlust. Auch hier werden die Parasiten durch Hochhusten und Abschlucken über den Magen-Darm-Kanal schließlich ausgeschieden. Die Larven dringen in Schnecken ein, die wiederum von Vögeln, Kleinnagern und Amphibien gefressen werden. Die Katze kann sich sowohl durch die Aufnahme von Zwischenwirten (Schnecken), häufiger aber durch den Verzehr der Transportwirte (Vögel u. a.) infizieren. Die Larven durch-*

*wandern die Speiseröhre sowie die Magen-Darm-Wand und gelangen über das Blut wieder in die Lunge, wo sich der Zyklus schließt.*
*Zur Diagnose werden die Larven im Kot nachgewiesen.*

## Bandwürmer

Bei der Katze spielen vor allem drei Bandwurmarten eine Rolle, die alle ihren Wirt nur durch Nahrungsentzug schädigen. Der Katzenbandwurm *(Hydatigera taeniaeformes)* ist ca. 20–70 cm lang und 5 mm breit.

Die erwachsenen Würmer stoßen ihre Endglieder (Proglottiden) ab, die aktiv aus dem Darm bzw. aus dem After wandern. Dabei verursachen sie gelegentlich heftigen Juckreiz, der die Katzen zum so genannten »Schlittenfahren« bringt (siehe auch Analbeutel).

In den abgestoßenen Gliedern, die einige Zeit im Fell der Katze haften, befinden sich die infektionsfähigen Eier. Durch Fliegen, Schnecken oder andere Insekten werden sie weiter verbreitet. In aller Regel nehmen Nager (Mäuse, Kaninchen) die Eier als Zwischenwirte auf. In den Kleinnagern entwickelt sich die Larve (Finne), die sich in der Leber abkapselt. Wird ein infiziertes Beutetier gefressen, so wird die Katze zum Endwirt – der Kreis schließt sich.

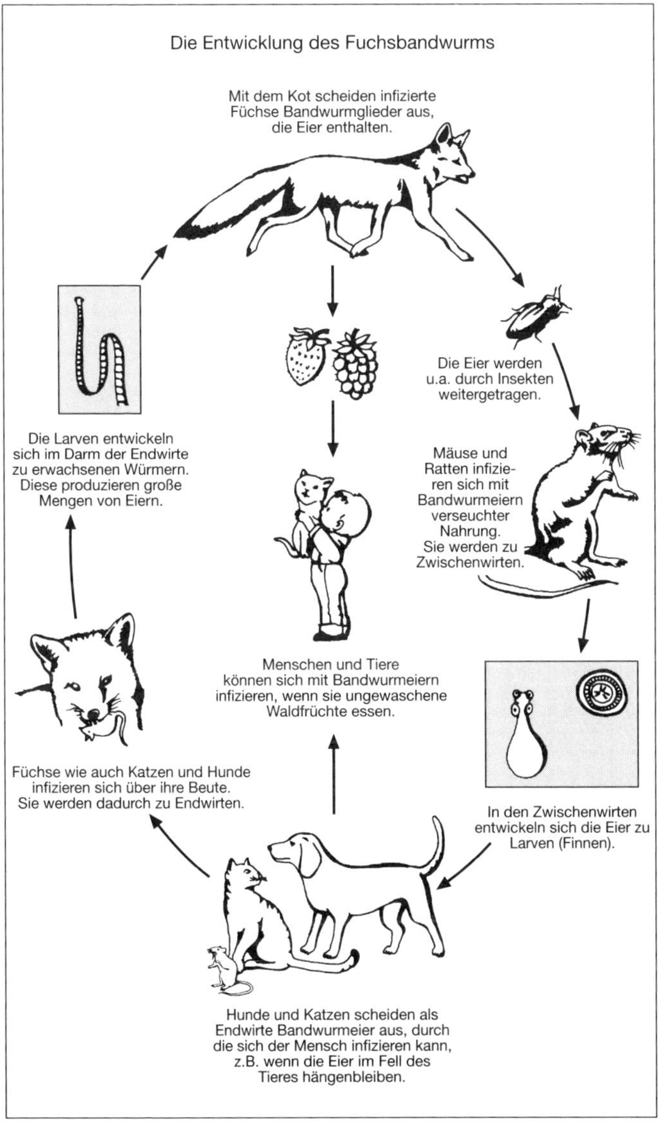
Die Entwicklung des Fuchsbandwurms
Mit dem Kot scheiden infizierte Füchse Bandwurmglieder aus, die Eier enthalten.
Die Eier werden u.a. durch Insekten weitergetragen.
Mäuse und Ratten infizieren sich mit Bandwurmeiern verseuchter Nahrung. Sie werden zu Zwischenwirten.
In den Zwischenwirten entwickeln sich die Eier zu Larven (Finnen).
Hunde und Katzen scheiden als Endwirte Bandwurmeier aus, durch die sich der Mensch infizieren kann, z.B. wenn die Eier im Fell des Tieres hängenbleiben.
Menschen und Tiere können sich mit Bandwurmeiern infizieren, wenn sie ungewaschene Waldfrüchte essen.
Füchse wie auch Katzen und Hunde infizieren sich über ihre Beute. Sie werden dadurch zu Endwirten.
Die Larven entwickeln sich im Darm der Endwirte zu erwachsenen Würmern. Diese produzieren große Mengen von Eiern.

Im Allgemeinen verursacht der Befall keine klinischen Symptome, bei Jungtieren kann es allerdings gelegentlich zur Abmagerung und zu struppigem Fell kommen. Die Diagnose bereitet keine Schwierigkeiten, da man die reiskornartigen Gebilde am Fell der Katze, vorwiegend im Bereich des Afters, gut erkennen kann.

Allerdings sind bei der parasitologischen Untersuchung im Labor eventuell im Darm der Katze freigewordene Eier nicht von denen anderer, u. a. für den Menschen gefährlicher Bandwurmarten zu unterscheiden.

Für die erfolgreiche Bekämpfung stehen unterschiedliche Medikamente in verschiedener Form (Tabletten, Paste, Injektionslösung) zur Verfügung.

Der weitaus am häufigsten vorzufindende Bandwurm ist der Kürbiskernbandwurm *(Dipylidium caninum)* mit einer Länge von bis zu 50 cm. Auch hier werden die Endglieder abgestoßen, wandern aus dem After, trocknen in der Außenwelt jedoch ein und geben dann ihre Eipakete an die Umgebung ab. Diese werden von Hunde- und Katzenflöhen sowie Haarlingen aufgenommen, die als Zwischenwirt dienen. Die Finnen entwickeln sich im Fettkörper der Zwischenwirte. Katzen infizieren sich durch die Aufnahme der Zwischenwirte, wobei die Flöhe zerbissen werden. Im Bereich des Dünndarmes der Katze wachsen die Larven zu erwachsenen (adulten) Bandwürmern heran.

Symptome und Diagnose sind wie bei einer Infektion durch den Katzenbandwurm. Die Behandlung umfasst allerdings zusätzlich eine intensive Floh- bzw. Haarlingsbekämpfung von Tier und Umgebung.

In einigen Gebieten Deutschlands (Bayern, Baden-Württemberg, Rheinland-Pfalz und auch Hessen) tritt, wenn auch selten, der gefährliche Fuchsbandwurm *(Echinokokkus multilocularis)* auf. Zwischenwirte, in denen sich die Finne entwickelt, sind Kleinnager, vor allem die Feldmaus. Die Katze infiziert sich, indem sie ihr Beutetier frisst. Im Dünndarm der Katze entwickelt sich der Bandwurm bis zum erwachsenen Stadium.

Da die ausgestoßenen Endglieder nicht von denen des Katzen- oder des Kürbiskernbandwurms zu unterscheiden sind, sollten reiskornartige Gebilde der Katze aus den betroffenen Gebieten an ein diagnostisches Labor gesandt werden. Der Umgang mit mit Fuchsbandwurm infizierten Tieren wird übrigens in einer Richtlinie der Weltgesundheitsorganisation (WHO) vorgeschrieben. Bei der Katze verläuft der Befall meist symptomlos. Aufgrund der hochgradigen Ansteckungsgefahr für den Menschen ist eine Behandlung allerdings abzulehnen, die Tiere sollten eingeschläfert werden.

Wildfrüchte, Obst, Gemüse o. ä. aus den genannten Gebieten sollten vor dem Verzehr abgewaschen werden. Jedoch nehmen auch Fliegen Eier von Fuchs-, Hunde- und Katzenkot auf und tragen so zu einer Weiterverbreitung bei. Kriechende Insekten und Schnecken können die Infektion ebenfalls übertragen.

Im Allgemeinen kann man sagen, dass ein Bandwurmbefall bei der Katze nur über die Aufnahme eines

## Gefahr für den Menschen: der Fuchsbandwurm

*Auch der Mensch kann Zwischenwirt für den Fuchsbandwurm sein. Er infiziert sich durch die Aufnahme der Eier, die z. B. am Fell der Katzen haften oder an mit Fuchs-, Hunde- und Katzenkot verschmutzten Nahrungsmitteln z. B. Waldfrüchten, Obst oder Gemüse. Der Wurm entwickelt sich vorwiegend in der Leber. Das Krankheitsbild heißt* Alveoläre Echinokokkose. *Es kommt zu massiven Zystenbildungen, die in das Gewebe einwachsen, einem Tumor ähnlich, schwere Gesundheitsschädigungen können die Folge sein.*

Zwischenwirts erfolgt. Diese Möglichkeit ist natürlich bei einer reinen Wohnungskatze sehr gering. Aber durch die Weiterverbreitung über Kleinnager, Fliegen, Insekten sowie Obst und Wildfrüchte ist keine absolute Sicherheit gegeben, auch nicht bei äußerster Hygiene.

Der dreigliedrige Fuchsbandwurm *(Echinokokkus granulosus)* stellt für die Katze keine Gefahr dar, da sie als möglicher Endwirt nicht empfänglich ist.

# Flöhe und Zecken

Ein Flohbefall tritt unabhängig von Rasse, Alter und Geschlecht des Tieres auf und kommt nahezu bei allen Tierarten wie auch beim Menschen vor.

Katzen stecken sich durch direkten Kontakt mit Artgenossen an oder nehmen das Ungeziefer aus der Umgebung auf.

Die kleinen, blutsaugenden Parasiten sind etwa 2–3 mm groß und dunkelbraun. Sie halten sich auf dem Wirt bevorzugt im Kopf- und Halsbereich, auf dem Unterbauch, dem Rücken sowie im Bereich der Geschlechtsorgane auf.

Während der Katzenfloh permanent auf dem Wirt bleibt, lässt sich der Hundefloh nur für seine etwa einstündige Blutmahlzeit auf dem Wirt nieder. Ohne Blut können die erwachsenen Flöhe 1–2 Monate überleben.

Die Weibchen beginnen mit der Eiablage 1–2 Tage nach ihrer Blutmahlzeit, wobei die Eier im Fell des Wirtes oder in dessen Umgebung abgelegt werden.

Der weitaus größte Teil der Flöhe hält sich in Teppichen, Decken, Betten, Körben und Fußböden auf und vermehrt sich auch dort. Aus diesem Grund ist es wichtig, bei der Flohbekämpfung die Umgebung des Tieres stets mit einzubeziehen.

*Hat Ihre Katze Flöhe, so werden Sie das bald am Verhalten des Tieres sowie an einigen typischen Indizien feststellen. Sie sollten dann möglichst schnell gegen das Ungeziefer aktiv werden.*
*Bei Jungtieren kann ein massiver Befall sogar zu Blutarmut (Anämie), Abmagerungen und hochgradigen Allgemeinstörungen führen. Achten Sie deshalb auf die folgenden Symptome:*

- *Juckreiz, haarlose Stellen, Hautrötungen, Fellbruch, Kratzen, Beißen,*
- *allergische Reaktionen (Flohspeichelallergie),*
- *schwarzbraune Ausscheidungen der Flöhe (unverdautes Blut), die sich auf einem mit Wasser angefeuchteten Wattebausch rötlich verfärben.*

Bei der Auswahl der entsprechenden Medikamente (Shampoos, Sprays, Halsbänder, Tabletten, Suspensionen, Flohpipetten etc.) und deren Anwendung sollten Sie sich durch den Tierarzt beraten lassen. Wichtig ist, dass alle im Haushalt lebenden Tiere gleichzeitig behandelt werden, damit sie sich nicht mehr gegenseitig anstecken.

Für die Behandlung der Umgebung ist ebenfalls eine Reihe von Präparaten im Handel. Zusätzlich sollten Decken, Bettwäsche und Tierdecken gewaschen, Teppiche und Möbel gesaugt werden.

## Die Entwicklung von Flöhen

- *Erwachsene (adulte) Flohweibchen beginnen ca. 24–48 Stunden, nachdem sie Blut gesaugt haben, mit der Eiablage, wobei etwa 30 Eier pro Tag gelegt werden.*
- *Aus diesen Eiern entwickeln sich zunächst Flohlarven, dann Puppen und schließlich die erwachsenen Flöhe.*
- *Dieser Entwicklungszyklus ist unter günstigen Bedingungen (Umgebungstemperatur, Luftfeuchtigkeit und Nahrungsangebot) innerhalb von 20–24 Tagen abgeschlossen. Bei weniger günstigen Bedingungen kann er auch ein Jahr in Anspruch nehmen.*
- *Die Lebenserwartung eines erwachsenen Flohs liegt bei 6–12 Monaten, Puppenstadien können bis zu 24 Monate überleben.*
- *Höhepunkte der Flohplage: Spätsommer und Frühherbst.*

Ein Flohbefall sollte auf jeden Fall ernst genommen werden, denn Flöhe sind nicht nur selbst lästig, sondern auch Zwischenwirte von Bandwürmern.

Da Katzen die Flöhe bei der Aufnahme zerbeißen, müssen die Tiere nach einer erfolgreichen Flohbehandlung auch immer entwurmt werden.

Vergessen Sie schließlich nicht, dass Flöhe gerne Menschenblut saugen.

## Zecken sind auch für die Katze gefährlich

In der Zeit von April bis Oktober kann es leicht passieren, dass Katzen Opfer von Zecken werden, wenn sie frei herumstromern und dabei an Büschen, Sträuchern oder Bäumen entlangstreifen.

Zecken leben in großen Gärten und Parks oder im Wald. Sie warten in einer Höhe bis zu 1,60 m auf ihre Wirte, die sie mit speziellen Sinnesorganen an den Beinpaaren erkennen. In Deutschland finden wir vorwiegend den »Gemeinen Holzbock« *(Ixodes ricinus)*.

### Die Entwicklung von Zecken

- *Das Ei entwickelt sich zur Larve, dann zur Nymphe bis hin zur erwachsenen (adulten) Zecke.*
- *Zecken leben in jedem Entwicklungsstadium für eine ca. 6–10 Tage dauernde Blutmahlzeit als Parasiten auf Wirbeltieren.*
- *Die Weiterentwicklung, also Häutung und Eiablage, erfolgt außerhalb des Wirts am Boden oder im Buschwerk.*
- *Männliche Zecken saugen kein Blut, sie befruchten jedoch die weiblichen Zecken, während diese saugen.*
- *Der von Temperatur, Nahrungsangebot (Wirte) und Luftfeuchtigkeit abhängige Entwicklungszyklus kann bis zu 3 Jahre dauern.*

Da eine Zecke während ihrer Entwicklung mehrere Wirte »anzapft«, werden dabei auch Bakterien aufgenommen, z. B. Schraubenbakterien (Borrelien), die sich dann in den Zecken vermehren. Bei der nächsten Blutmahlzeit können diese Bakterien den Wirt wechseln und so bei einem neuen Wirt Krankheiten verursachen. Einer Studie zufolge sind bis zu 20 Prozent der erwachsenen Zecken mit Borrelien infiziert.

Die Lieblingsorte der Zecken an einer Katze sind vorwiegend der Kopf-, Hals-, Nacken- und Vorderbrustbereich *(siehe Bild 24)*. Die Symptome sind im Allgemeinen nicht sehr ausgeprägt (Hautrötung, kleine Schwellung, evtl. Juckreiz), wobei die Größenzunahme der blutsaugenden Insekten beträchtlich ist: von 5 mm auf bis zu 14 mm im vollgesogenen Zustand.

Bei der Katze werden Zecken wegen des dichten Fells häufig nicht bemerkt. Möglicherweise werden bakterielle Erreger *(Hämobartonellen)* von der Zecke auf die Katze übertragen. Die Infektion äußert sich in einem Verlust der roten Blutkörperchen (Anämie), da die Parasiten an den roten Blutkörperchen sitzen und die Zellmembran zerstören. Als Symptome treten Fieber, Schwäche, gesteigerte Atem- und Pulsfrequenz auf. Die Erkrankung kann sogar zum Tod der Katze führen. Dies ist allerdings eher selten und betrifft meist Katzen, die bereits eine schwache Konstitution haben. Bei gesunden Katzen verläuft die Infektion in aller Regel ohne klinische Symptome.

Eine weitere, in Mitteleuropa seltener auftretende Parasitose bei Katzen, die ebenfalls durch Zecken übertragen wird, ist die *Babesiose*. Auch diese Parasiten sitzen in den roten Blutkörperchen und zerstören diese. Symptomatisch verläuft die Infektion ähnlich wie die Hämobartonellose.

Neben Borreliose übertragen Zecken auch das Virus der Früh-Sommer-Meningo-Enzephalitis auf Haustiere. Sie werden infiziert, können aber, im Gegensatz zum Menschen, nicht erkranken.

Nach jedem Wald- oder Feldspaziergang sollten Sie Ihren Freigänger nach den Blutsaugern absuchen.

Eventuell können Sie die Zecke bereits entfernen, bevor sie sich festgebissen hat. Am besten, Sie greifen dabei die Zecke direkt über der Hautoberfläche und ziehen sie dann durch Drehen heraus *(siehe Bild 25)*.

Dabei sollten Sie versuchen, nicht auf dem gefüllten Zeckenkörper herumzudrücken, damit z. B. Bakterien oder Parasiten nicht in die Bissstelle gelangen können.

Für diese Behandlung eignen sich Pinzetten oder so genannte Zeckenzangen.

Bleibt der Zeckenkopf einmal in der Haut stecken, kann es gelegentlich zu kleineren Hautreaktionen (Schwellung, kleine knotige Zubildung) kommen, die sich aber in aller Regel im Verlauf der folgenden Wochen wieder zurückbilden.

## Die Braune Hundezecke

*Diese eingeschleppte Zeckenart* (Rhipicephalus sanguineus) *lebt nur in Gebäuden und Stallungen bei Temperaturen von 20–30 Grad und einer hohen relativen Luft-*

*feuchtigkeit. Sie ist eigentlich auf den Hund spezialisiert und kommt bei Katzen nur äußerst selten vor.*
*In Deutschland findet man die Braune Hundezecke nur in sehr wenigen Gebieten.*
*Sie ist Überträger der Babesiose (ein einzelliger Blutparasit), die zu Blutarmut und – im äußersten Fall – auch zum Tod führen kann.*

Die Behandlung von Zecken erfolgt vorwiegend über Halsbänder, die über einen längeren Zeitraum einen Wirkstoff gegen Zecken abgeben. Die Bänder können allerdings auch Allergien oder Kontaktdermatitis im Halsbereich verursachen. Bestimmte Langhaar-Rassekatzen zeigen zudem eine Überempfindlichkeit gegen einzelne Inhaltsstoffe.

Lassen Sie sich am besten von Ihrem Tierarzt informieren. Er kann Ihnen auch sagen, ob Sie in einem gefährdeten Gebiet leben.

## Wenn Medikamente nötig werden

Bevor ich auf die Verabreichung von Medikamenten komme, möchte ich einige grundlegende Bemerkungen machen.

## Dosierung

Halten Sie sich stets an die vorgegebenen Dosierungen: Mehr hilft nicht mehr, weniger hilft in der Regel gar nicht! Geben Sie auch nicht irgendwelche Medikamente ohne vorherige Rücksprache mit Ihrem Tierarzt.

Sollte es Schwierigkeiten bei der Einnahme geben, entwickeln Sie keinen falschen Ehrgeiz, der Katze das Medikament einzuflößen, der Tierarzt kann die Medikamente über Injektionen verabreichen.

Zunächst möchte ich aber zur Erläuterung einen Beipackzettel zitieren:

## Nebenwirkungen

»Der Beipackzettel eines Medikamentes sollte eigentlich die Gebrauchsanweisung dafür sein. Die Lektüre dieses Zettels führt jedoch häufig dazu, dass das Medikament gar nicht gegeben wird. Die Hinweise auf die vielen Schäden und Nebenwirkungen, die nach der Einnahme drohen, verunsichern den Benutzer zutiefst. Man denkt an die vielen Zeitungsmeldungen über gefährliche Nebenwirkungen und würde das Medikament am liebsten zurückgeben. Andererseits ist da aber die tatsächlich vorhandene Krankheit, die geheilt oder gelindert werden soll. Nun muss man wissen, dass aus juristischen Gründen alle möglichen Nebenwirkungen eines Medikamentes in den Beipackzettel aufgenommen werden müssen. Dementsprechend müsste z. B. im Beipackzettel für Schokolade Folgendes stehen:

An Nebenwirkungen sind bekannt geworden: Zahnverfall, Bauchschmerzen, Übelkeit, Verstopfung, Kopfschmerzen und allergische Reaktionen. Bei längerer Einnahme sind Fälle von Übergewicht und Diabetes erwiesen. In diesem Zusammenhang kann die Einnahme zu Bewusstlosigkeit, Schlaganfall, Nierenversagen und Erblindung führen, Todesfälle sind möglich.

Und somit ist – richtig gelesen – alles wieder im rechten Lot. Ihr Tierarzt hatte ja gewichtige Gründe, gerade dieses Medikament zu verschreiben; ihm sollten die Beipackzettel-Notizen bekannt sein.«

## Verabreichung von Medikamenten

Es ist äußerst schwierig, einer Katze Medikamente in Form von Tabletten, Dragees und Kapseln zu geben. Heftige Abwehrbewegungen und starkes Speicheln, nachdem die Katze das Medikament mit der Zunge berührt hat, sind keine Seltenheit. Aus diesem Grund ist es nur im Einzelfall möglich, Medikamente in dieser Form zu verabreichen. Am besten versucht man, den Fang zu öffnen, legt das Medikament auf den Zungengrund und schließt den Fang wieder. In den meisten Fällen müssen die Medikamente jedoch zerkleinert über das Futter oder in Wasser aufgelöst und dann in die seitlichen Backentaschen verabreicht werden *(siehe Bild 26)*.

Manche Medikamente sind im wahrsten Sinne des Wortes »bittere Pillen« für die Katze, sie fängt dann an zu speicheln. Ein erstes Mal mag die Verabreichung noch gelingen, ein zweites Mal garantiert nicht mehr.

Vergessen Sie nicht, dass Ihre Katze ein feines Gespür für Geschmacksveränderungen des gewohnten Futters hat. Sie sollten deshalb die Medikamente in Futterbrocken verstecken, die einen starken Eigengeruch haben, z. B. Thunfisch. Präparieren Sie das Futter auch nie vor der Katze mit Medikamenten.

Die Verabreichung von Medikamenten in flüssiger Form geschieht natürlich am einfachsten durch Vermischen mit dem Futter. Die Gabe von Zäpfchen und Klistieren dürfte ebenfalls weniger Probleme bereiten.

Da Katzen einen starken Putztrieb haben, bereitet die Anwendung von Salben und Cremes mehr Schwierigkeiten als beispielsweise beim Hund. Grundsätzlich kann eine Salbe nur nach vorheriger Entfernung der Haare aufgetragen und einmassiert werden. Ein Verband verhindert das Ablecken der Salbe.

Medikamente zur Behandlung von Ohrenerkrankungen sind meist in Tuben oder Tropfflaschen mit entsprechendem Aufsatz erhältlich. Diesen können Sie bis zum Ansatz in den äußeren Gehörgang einführen, um dann einige Tropfen des Medikaments einzuträufeln. Massieren Sie anschließend den Gehörgang, um das Medikament zu verteilen *(siehe Bild 27 und 28)*. Vor jeder neuen

Gabe sollten Sie die äußere Gehörmuschel mit einem Tuch reinigen oder die Ohren mit einem Flüssigohrreiniger behandeln. Die eigentliche Ohrensalbe wird dann ca. 30 Minuten später verabreicht. Verwenden Sie zur Reinigung der Ohren niemals Wattestäbchen (Q-Tips o. ä.). Sie stopfen damit das Sekret nur noch tiefer in den Gehörgang und verschlimmern die gesamte Situation.

Augensalben und -tropfen lassen sich im Allgemeinen gut verabreichen, indem Sie mit einer Hand den Kopf umfassen und leicht nach oben neigen, dabei mit dem Zeigefinger das Oberlid etwas nach oben ziehen, um mit der anderen Hand einen Tropfen oder kleinen Salbenstrang auf die Hornhaut auftropfen zu lassen *(siehe Bild 29)*.

Denken Sie bitte daran, dass die meisten Augensalben und -tropfen Kombinationspräparate aus Antibiotika und Corticosteroiden sind. Fragen Sie vor der Anwendung Ihren Tierarzt, ob eine entsprechende Augensalbe verwendet werden darf.

Grundsätzlich sollte jede Verabreichung von Medikamenten mit einer Belohnung verbunden werden.

# Fortpflanzung

# Trächtigkeit und Geburt

Wenn es im Folgenden um das Thema Geburt geht, möchte ich mich auf die Beschreibung der Trächtigkeit, der normalen Geburt sowie auf Maßnahmen einer evtl. mutterlosen Aufzucht der jungen Katzen beschränken. Auf die einzelnen Phasen der Rolligkeit, das Decken und Deckstörungen, Genitalinfektionen sowie Geburts- und Nachgeburtsstörungen einzugehen, würde hier zu weit führen.

## Rolligkeit

Bevor eine Katze trächtig wird, muss sie mindestens einmal rollig geworden sein. Dies geschieht in der Regel im Alter von 5–12 Monaten zum ersten Mal. Wann die erste Rolligkeit auftritt, das heißt die Geschlechtsreife beginnt, ist zusätzlich von einigen Faktoren abhängig, beispielsweise von der Haltung, der Rasse oder der Jahreszeit der Geburt. So können Katzen, die im Herbst geboren wurden, bereits nach 4–5 Monaten rollig werden, andere Katzen hingegen, die im Winter geboren wurden, kommen mitunter erst nach 13–16 Monaten in die Geschlechtsreife.

Anders als bei Hunden hängt das Auftreten der Geschlechtszyklen bei Katzen von unterschiedlichen Faktoren ab: Haltung, Ernährung, klimatische Voraussetzungen sowie von der Lichtintensität.

Die Katzen sind zwischen Februar und Mai, aber auch in den Monaten Juni bis September am stärksten auf die Vermehrung ausgerichtet, in dieser Zeit können Zyklen auftreten. Das Vorbrunststadium (Proöstrus) geht nahtlos in das Eisprungstadium (Östrus) über, in dem es zu den bekannten Symptomen der »Rolligkeit« (rollt sich über den Rücken) oder Raunze (gibt eigenartige Laute von sich) kommt. Dieser Zustand dauert im Allgemeinen 7–10 Tage.

Der eigentliche Eisprung (Ovulation) erfolgt bei der Katze nicht spontan, sondern wird durch die sexuelle Stimulation des Katers bei der Paarung ausgelöst.

## Befruchtung

Bei der Katze findet die Befruchtung der Eizelle im Eileiter statt, da die Wanderung der Eizelle bis in die Gebärmutter 6–8 Tage dauert und das Ei nur kurzzeitig befruchtet werden kann.

Die Trächtigkeit dauert bei Katzen in der Regel 64–66 Tage, allerdings können es auch 58–70 Tage sein, ohne dass mit Komplikationen bei der Geburt zu rechnen ist.

Vom 18. Tag an lässt sich die Trächtigkeit über Ultraschall (sonographisch) nachweisen. Etwa von der 3. bis zur 5. Woche kann der Tierarzt dann die einzelnen, hintereinander liegenden, teilweise bis tischtennisballgroßen Fruchtkammern deutlich ertasten. Nach der 7. Woche ist schließlich aufgrund der Skelettbildung der Föten die Trächtigkeit über ein Röntgenbild nachzuweisen (das Röntgen schadet weder der Mutter noch den Welpen). Zudem hat in diesem Stadium der Bauchumfang zugenommen, das Gesäuge ist ausgebildet und die Bewegungen der Föten sind durch die Bauchdecke tastbar.

## Geburt

Eine normale Geburt kündigt sich durch die Schwellung des äußeren Genitals, die Ausweitung des Damms sowie die Aktivierung der Milchleisten an. Die Katze wird unruhig, beginnt mit dem Nestbau, verweigert das Futter und ihre Körpertemperatur sinkt 1–2 Tage vor der Geburt ab.

Die Geburt selbst verläuft in drei Phasen: Die Eröffnungsphase dauert einige Stunden; in ihr geht klarer Trächtigkeitsschleim ab und der weiche Geburtsweg ist eröffnet. Man kann bereits eine leichte Wehentätigkeit erkennen. In dieser Phase benötigt die Katze absolute Ruhe. Jegliche Versuche, die Geburt manuell oder medikamentös zu beschleunigen, können diese stören und letztendlich eine Geburtshilfe erforderlich machen.

Wenn sich die Wehentätigkeit steigert, die Wehen kräftiger und regelmäßiger werden (Presswehen), beginnt die Austreibungsphase. Die Austreibung des ersten Jungen dauert im Allgemeinen etwas länger, da es Wegbereiterfunktion hat.

Bevor Sie das erste Kätzchen sehen, erscheint die Allantoisblase (embryonaler Harnsack), die eine klare, milchig-bläulich weiße Flüssigkeit enthält, die Allantoisflüssigkeit (Endprodukte des fötalen Stoffwechsels).

In der Regel werden die jungen Katzen in Kopf- oder Hinterendlage geboren, wobei sie sich zunächst noch in der Eihülle (Amnionsack) befinden und nur über die Nabelschnur mit dem Muttertier verbunden sind. Die Katze beißt bei der Geburt die Eihülle auf, befreit ihr Junges, beleckt es und zerbeißt zum Schluss die Nabelschnur. Die Pausen zwischen der Austreibung der einzelnen Jungen dauern in der Regel zwischen einigen Minuten und 2 Stunden. Es wurden aber auch schon Pausen von bis zu 24 Stunden nach der Geburt des ersten Jungen beobachtet, ohne dass es dadurch zu Komplikationen gekommen wäre. Im Allgemeinen beträgt der gesamte Geburtsablauf 2–8 Stunden. Nach der Geburt jedes Jungen erfolgt der Abgang der dazugehörigen Nachgeburt, die von der Katze aufgefressen wird. Nachdem die letzte Nachgeburt abgegangen ist, ist auch die dritte Phase, das Nachgeburtsstadium, beendet *(siehe Bild 30)*.

In den nun folgenden Wochen kommt es zu den normalen Rückbildungsvorgängen am inneren und äußeren Genitale. In Kombination mit den hormonellen Einflüssen wird ein neuer Geschlechtszyklus eingeleitet.

## Aufzucht ohne Mutter

An den neugeborenen Welpen können Sie einige Untersuchungen und Erstversorgungen durchführen. Stellen Sie zunächst die Lebensfähigkeit sicher. Hierzu gehört auch die Sicherung der Atmung (s. Seite 56). Entfernen Sie den Geburtsschleim aus dem Fang und den oberen Atemwegen. Dazu wird der Welpe in ein Handtuch gehüllt, in diesem mit dem Kopf nach unten bewegt, um so die Reste des Schleims zu entfernen. In sehr schwierigen Situationen kann es notwendig werden, den Schleim mittels Schlauch und Spritzen abzusaugen; dies sollten jedoch nur Personen übernehmen, die die notwendige Erfahrung besitzen.

Eine weitere Aufgabe besteht darin zu beurteilen, inwieweit Krankheiten oder Missbildungen vorhanden sind, wobei Ihre Aufmerksamkeit sicherlich auf letzteren Punkt zu richten ist. Hiermit sind Missbildungen an den Gliedmaßen, am Körperstamm (offene Bäuche, freiliegende Wirbelsäule oder ähnliche gravierende Veränderungen), an den Lefzen oder im Fangbereich (Gaumenspalte) gemeint. Zur Beurteilung der Vitalität müssen Sie darauf achten, ob es bei den Welpen zu »Kopfpendeln« oder »Milchtritt« kommt.

In den nächsten Tagen sollten Sie die Körpertemperatur der Welpen regelmäßig kontrollieren (sie sinkt meist von anfänglich 37 Grad auf 35 Grad ab, um dann in den ersten Lebenswochen wieder auf 38 Grad anzusteigen).

Einen weiteren Anhaltspunkt für die gute Vitalität

bietet die Kontrolle des Körpergewichts (das Gewicht sollte sich innerhalb der ersten 10 Lebenstage verdoppeln). Mit Erreichen des 10.–12. Lebenstages öffnen sich dann auch erstmals die Augen und Ohren Ihres neuen Mitbewohners.

Als Ersatzmutter müssen Sie versuchen, den Welpen Kolostralmilch (erste Milch der Kätzin mit hohem Antikörpergehalt) zukommen zu lassen, selbst wenn es nur geringe Mengen sind.

Sie müssen zusätzlich durch Massage der Analgegend sowie der Vorhaut (Präputium) und der Scheide (Vulva) den Abgang des »Darmpechs« vorantreiben. Die Fütterung ist in den ersten 1–2 Tagen schwierig, da die Welpen sowohl Sauger als auch Ersatzmilch nicht gerne annehmen. Versuchen Sie, die Ersatzmilch in eine Einmalspritze zu füllen und dann kleine Milchmengen auf die Zunge des Welpen zu geben.

Wichtig ist, den Welpen waagerecht zu füttern, damit er sich nicht verschlucken kann oder die Nahrung in die Luftröhre bekommt. Er muss bis zu einem Alter von 3–4 Wochen alle 2 Stunden gefüttert werden, danach können Sie auf die nächtliche Fütterung verzichten.

Nach jeder Fütterung sollten Sie auf Kot- und Harnabsatz achten *(siehe Bild 31)*. Ab der 5.–6. Lebenswoche kann schon festere Nahrung zugefüttert werden (Kuhmilch mit Flocken, Hack- oder Geflügelfleisch). Ab der 6.–7. Lebenswoche können Sie problemlos Welpenkost füttern. Die Temperatur im Nest sollte anfänglich 30 Grad betragen, aber auch später nicht niedriger als 24 Grad sein, da die Welpen sonst austrocknen können:

Das Tier verweigert die Nahrung und stirbt schließlich durch Kreislaufversagen (meist durch eine Unterzuckerung, auch Hypoglykämie genannt).

Auf Krankheiten des Saugwelpen (bis zur 4. Lebenswoche) möchte ich hier nur kurz eingehen. Normalerweise haben die Welpen – vorausgesetzt das Muttertier wurde regelmäßig geimpft – einen Schutz vor Viruserkrankungen durch die Mutter, der ab der 6. Lebenswoche langsam nachlässt. Trotzdem kann es durch einen sehr hohen Infektionsdruck, d. h. eine sehr hohe Belastung mit Bakterien – Staphylokokken, Streptokokken, Coliformen Keimen (allesamt sog. Schmutzkeime) – sowie in selteneren Fällen mit Viren – Parvovirus, Herpesvirus, Calicivirus – zu schweren Infektionen des Darms, des Herzens, der Lunge inkl. der oberen Atemwege, der Zunge und Maulschleimhaut sowie der Augenbindehäute mit Todesfolge kommen. Auch ein versehentliches Schlucken von Fruchtschleim oder Fruchtwasser sowie Geburtsverletzungen und Missbildungen führen nicht selten zum Tode des Welpen.

Zwei Begriffe möchte ich in diesem Zusammenhang noch erwähnen: das »Welpenwimmern« als Ausdruck eines Milchmangels oder einer möglichen Infektion sowie das »Welpenschreien«, das auch als toxisches Milchsyndrom bezeichnet wird und als Symptome eine Aufblähung des Bauchs, Schmerzen oder Wasseransammlung am Darmausgang (Ödem) hat.

Wenn die genannten Punkte sorgfältig und konsequent ausgeführt werden, steht einem gesunden und hoffentlich langen Leben Ihrer neuen Mitbewohner nichts im Weg.

# Kastration von Katze und Kater

In zunehmendem Maße werden Katzen ausschließlich in der Wohnung gehalten. Um ein erträgliches Zusammenleben zwischen Mensch und Tier zu gewährleisten, empfiehlt es sich, die unerwünschten Begleiterscheinungen einer nicht kastrierten weiblichen Katze (Rolligkeit mit mehr oder weniger starkem »Katzenjammer« oder Dauerrolligkeit) oder eines nicht kastrierten Katers (Reviermarkierungen sowie intensiver, unangenehmer Katergeruch) durch Kastration zu vermeiden.

Unter *Kastration* versteht man die operative Entfernung der Keimdrüsen von weiblichen und männlichen Tieren (Eierstöcke bzw. Hoden). Bei einer *Sterilisation* wird lediglich der Eileiter beim weiblichen bzw. der Samenleiter beim männlichen Tier unterbrochen. Die Sterilisation stellt keinen Eingriff in den Hormonhaushalt der Tiere dar.

Die Vorteile der Kastration liegen auf der Hand:

- keine unerwünschten Nachkommen
- keine Rolligkeit bzw. Dauerrolligkeit der Katze
- kein unangenehmer Katergeruch in der Wohnung
- kastrierte Kater entfernen sich nicht so weit von der häuslichen Umgebung
- kein Markierungsverhalten des Katers
- weniger Unfall- und Infektionsrisiko, da die Katze weniger streunt

Voraussetzung für eine Kastration ist, dass das Tier geschlechtsreif ist, was im Allgemeinen mit 6–9 Monaten der Fall ist.

Bei der Operation wird der Bauch der Katze in Höhe des Nabels mit einem Schnitt von 1–2 cm Länge geöffnet; die Eierstöcke (Ovarien) werden vorgelagert, abgebunden und entfernt. Anschließend kann die Bauchdecke wieder verschlossen werden. Je nach Art des verwendeten Nahtmaterials müssen die Fäden nach 10 Tagen gezogen werden.

Die Kastration eines Katers erfolgt durch einen kleinen Schnitt in den Hodensack. Auch hier werden die Hoden vorgelagert, Samenstrang und Gefäße abgebunden und die Hoden entfernt. Der Hodensack wird allerdings nicht vernäht.

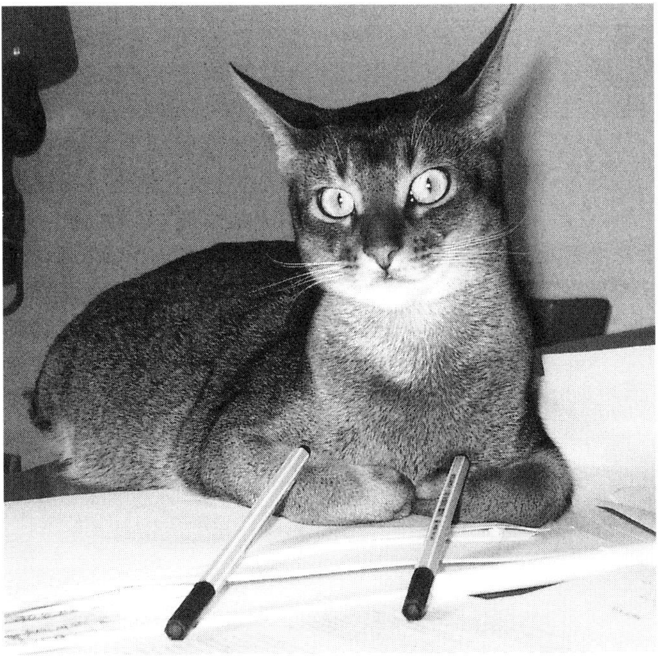

# Erste-Hilfe-Quiz

Ich möchte mit Ihnen ein kleines Experiment durchführen. Und zwar stelle ich Ihnen einen Fall aus der Praxis vor, wie er sich im März 2000 zugetragen hat. Ich werde Ihnen die notwendigen Teilinformationen geben und Sie sollen versuchen, den weiteren Verlauf bzw. Ausgang dieses Falles zu entscheiden.

## Teil 1

Eine 8 Monate alte weibliche Katze wurde in meine Praxis gebracht. Die Besitzer hatten beobachtet, dass das Tier im Nähkorb gesessen und plötzlich etwas silbern glänzendes, vermutlich eine Nähnadel, verschluckt hat. Daraufhin sind alle Beteiligten samt Katze sofort in die Klinik gefahren und kamen dementsprechend in leichter Panik zu mir in die Sprechstunde.

*Was würden Sie als Tierarzt tun? Welche Fragen an den Besitzer würden Sie stellen und welche Maßnahmen am Tier sind jetzt zu treffen?*
*Nehmen Sie sich ruhig etwas Zeit zum Überlegen.*
*Wenn Sie zu einer Lösung gekommen sind, gehen Sie weiter zur nächsten Seite.*

Mein erste Frage lautete: »Befand sich an der Nadel noch ein Fadenrest, und wenn ja, wie lang war dieser in etwa?«

Das Verschlucken von Fäden, Geschenkbändern, Gummibändern oder Paketbändern führt dazu, dass diese sich sehr häufig (nicht immer) der Länge nach durch den gesamten Magen-Darm-Kanal ziehen, je nach Länge.

Der Magen-Darm-Kanal ist ständig in Arbeit, um den Nahrungsbrei zu transportieren. Die teilweise sehr festen Fremdmaterialien sorgen nun dafür, dass der Darm sich über diese Fremdköperteile wellenförmig hinwegbewegt, ohne diese weiter nach hinten zu bewegen. Im Gegenteil, sie schneiden den Darm ein und in der Folge kann es zu Darmeinschnürungen, -drehungen oder sogar zum Darmverschluss kommen.

In diesem Fall wäre ein sofortiges chirurgisches Eingreifen nötig, um massive gesundheitliche Schäden für den Patienten zu verhindern.

Meine zweite Frage lautete: »Ist die Katze schon in ihrem Allgemeinbefinden gestört? Hat sie etwa schon gespuckt, stark gespeichelt oder hat sie gar Blut hervorgewürgt?«

Den Angaben des Besitzers zufolge und aufgrund erster Untersuchungen war keine Beeinträchtigung des Allgemeinzustandes zu erkennen. Daher röntgte ich die Katze zunächst, um zu sehen, wo sich die Nadel zum Zeitpunkt der Untersuchung befand *(siehe Bild).*

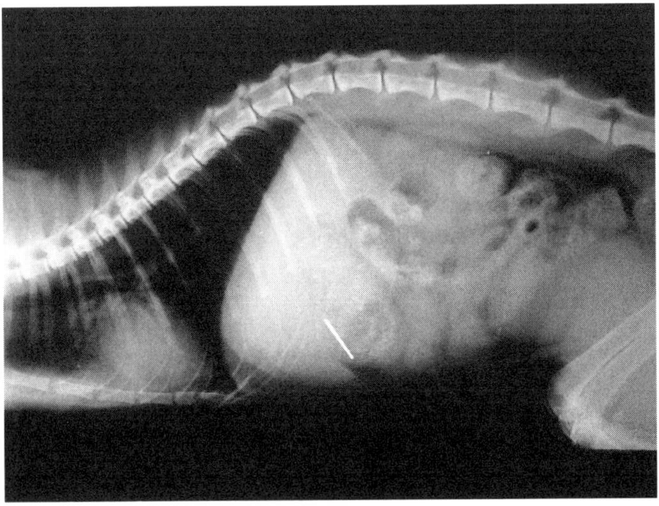

*Versuchen Sie, die Aufnahme zu beurteilen. Wo befindet sich die Nadel?*

*Welche Schritte sind als Nächstes zu unternehmen?*

*Was kann man dem Besitzer raten?*

*Kann man ihn vielleicht beruhigen? Sollte man sofort operieren?*

Überlegen Sie ein wenig und gehen Sie weiter zur nächsten Seite.

## Teil 3

Aufgrund der Gesamtsituation (Allgemeinbefinden der Katze ungestört, kein Fadenrest an der Nadel, Nadel befindet sich im Magen, zusätzlich ist ausreichend Futterbrei im Magen, der die Nadel umschließen kann) habe ich den Besitzern geraten noch abzuwarten, natürlich unter der Voraussetzung, dass sich am Allgemeinbefinden der Katze nichts ändert.

Ich habe dann nach weiteren 24 Stunden eine erneute Röntgenaufnahme angefertigt *(siehe Bild).*

*Versuchen Sie auch hier, die Aufnahme zu beurteilen. Bedenken Sie, dass 24 Stunden vergangen sind.*

*Wie würden Sie nun weiter entscheiden?*

Lassen Sie sich wiederum etwas Zeit für Ihre Entscheidung und gehen Sie dann weiter zur nächsten Seite.

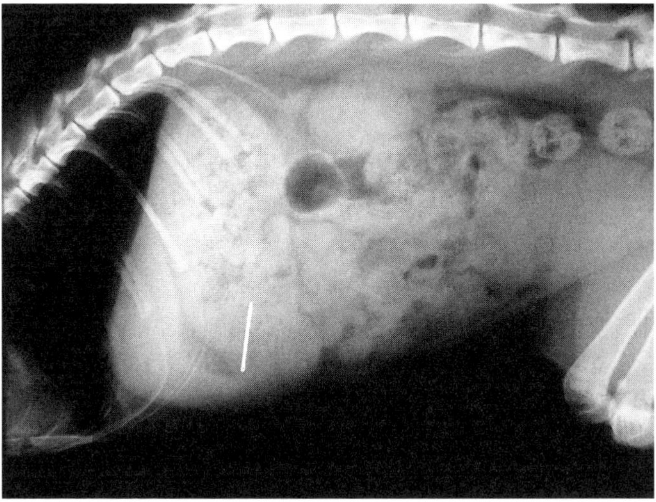

## Teil 4

Die Nadel befand sich immer noch im Magen, der nach wie vor gut gefüllt ist. Das Allgemeinbefinden der Katze war weiterhin ungestört, nur die Besitzer wurden langsam etwas nervös.

Ich riet den Besitzern noch weitere 24 Stunden zu warten. Ich empfahl ihnen zusätzlich, der Katze noch Sauerkraut anzubieten, damit das Kraut die Nadel umschließen und somit, ohne Verletzung des Magen-Darm-Kanals durch etwaiges Einspießen, den Weg in die Katzentoilette finden kann.

Nach diesen erneuten 24 Stunden wurde der Patient ein weiteres Mal geröntgt *(siehe Bild)*.

*Beurteilen Sie auch diese Aufnahme.*

*Wie würden Sie jetzt entscheiden?*

Trinken Sie ein Glas Wein und gehen Sie weiter zur nächsten Seite.

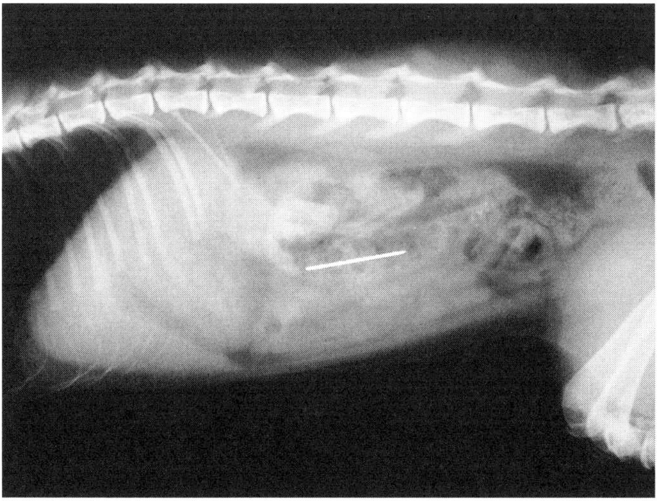

# Teil 5

Des Rätsels Lösung: Die Nadel befindet sich nun bereits im Dickdarm, sie hat also schon alle kritischen Punkte überwunden (kein Einspießen in Magen, Magenausgang, Leber, Bauchspeicheldrüse, Dünndarm oder Übergang vom Dünndarm zum Dickdarm sowie Blinddarm). Es ist doch erstaunlich, zudem die Nadel noch mit dem stumpfen Ende nach hinten transportiert wird (auf der Röntgenaufnahme leicht missverständlich, da die Nadel noch eine Kurve auf dem Weg zum After zu bewältigen hat, deshalb scheint es so, als ob die Spitze nach hinten zeigt).

Nach weitern 2–3 Stunden war die Nadel auf natürlichem Weg wieder von der Katze ausgeschieden.

Hätten Sie das gedacht?

Dieser Fall soll Ihnen verdeutlichen, dass nicht immer gleich eine Operation nötig ist – natürlich nur unter der Voraussetzung, dass der Patient wohlauf ist und wirklich keinerlei Beeinträchtigungen seines Allgemeinbefindens festzustellen sind. Die ständige tierärztliche Kontrolle ist dann jedoch besonders wichtig, um jederzeit ein sofortiges Eingreifen zu ermöglichen.

Dieser Fall soll auch verdeutlichen, dass das Verschlucken von derartigen, spitzen Gegenständen nicht unbedingt beunruhigend sein muss. Glauben Sie mir, es war nicht das erste Mal, dass ich einen solchen Fall in der Praxis hatte, und es wird auch nicht das letzte Mal gewesen sein. Über den so glimpflichen Ausgang werde ich mich allerdings immer wieder wundern.

# Anstelle eines Nachworts

Vorsichtshalber fragte Arne Peterson aus Stockholm bei einem Hotelbesitzer an der Costa Brava an, ob er seine Katze mitbringen dürfe. Hier die Antwort: »Während der 30 Jahre, die ich mein Haus führe, hat mir noch nie eine Katze einen Silberlöffel gestohlen. Keine Katze hat jemals ihre Pfoten an meinen Vorhängen abgewischt, noch sich mit brennender Zigarette ins Bett gelegt. Es war bisher auch nicht üblich, dass Katzen mit Radiomusik und durch Gesang in der Badewanne Lärm verursachten. Daher erwarte ich Sie und Ihre Katze mit Freude.«

*Quelle unbekannt*

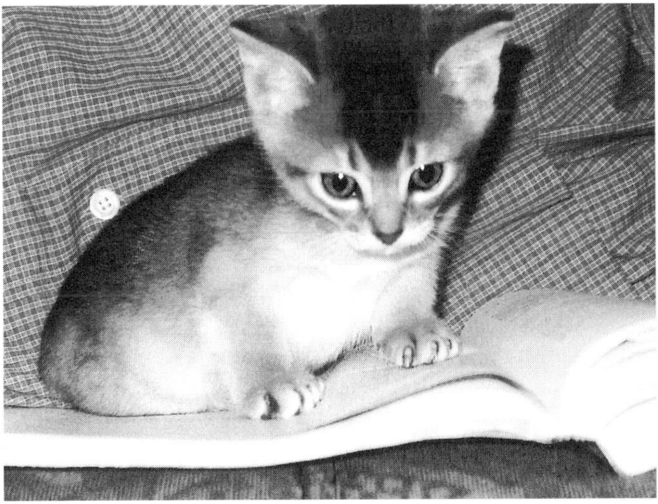

Anhang

# Wichtige Adressen für Tierfreunde

Deutscher
Tierschutzbund e.V.
Baumschulallee 15
53115 Bonn
Telefon: 02 28/60 49 60

felina e.V.
Unabhängige Gemeinschaft
der Katzenfreunde
Gundelfinger Str. 51
10318 Berlin
Telefon: 0 30/5 08 81 44

Katzenschutzbund e.V.
Cat-Sitter-Club Düsseldorf
Grafenberger Allee 147
40237 Düsseldorf
Telefon: 02 11/66 32 06

SDRV Süddeutscher Rassekatzen-Verband e.V.
Fallrohrstr. 30
90480 Nürnberg
Telefon: 09 11/4 09 77 88

Vereinigung Deutscher Haushüter-Agenturen (VDHA)
Feldkamp 4
48165 Münster
Telefon: 0 25 01/71 71

Verein Deutscher Katzenfreunde e.V.
Postfach 74 09 24
22099 Hamburg
Telefon: 0 40/45 48 42

*Registrierung von Haustieren*

Deutsches Haustierregister
Baumschulallee 15
53115 Bonn
Telefon: 01 80/5 23 14 14

Tasso Haustierzentralregister
für die BRD e.V.
Frankfurter Str. 20
65795 Hattersheim
Telefon: 0 61 90/93 22 14

*Im Ausland tätige Mitgliedsvereine des Deutschen Tierschutzbundes*

**Bulgarien**
Tierhilfe Bulgarien
Frau Heike Hildebrand
Aschaffenburger Str. 70
63500 Seligenstadt
Telefon: 0 61 82/16 77

Tierhilfe Süden
Komitee zur Rettung herrenloser Tiere im Süden e.V.
Frau Renate Bergander
Konradstr. 12
80801 München
Telefon: 0 89/39 77 22

**Griechenland/Kreta**
Arche Noah Kreta
Animal Shelter
Frau Silke Wrobel
Chorafakia
P.O. Box Hania 241
GR-Hania
Telefon: 00 30/8 21/6 61 46

**Italien**
Lega pro Animale
Frau Dorothea Friz
Via Mario Tommaso
I-81030 Castelvolturno (CE)
Telefon: 00 39/08 23/85 95 52

**Italien/Südtirol**
Südtiroler Tierschutzring
Herr Plinio Galetto
Dalmatienstr. 23
I-39100 Bozen
Telefon: 00 39/04 71/91 65 18

**Kroatien**
Noina Arka
Hrvatska Udruga Zastitnika Zivotinja
Frau Helene Fink
Bukovacka 220
HR-41000 Zagreb
Telefon: 0 03 85/1/22 96 63

**Portugal**
Associacão dos Amigos dos Animais Abandonados
A.A.A.A
Canil de São Francisco de Assis
Frau Lieselotte Clauberg-Kranendonk
Campia de Baixo
P-8100 Loulé
Telefon: 0 03 51/2 89/41 68 62

**Spanien**
S.A.T. Sociedad Protectora Para Animales De Torrevieja
Frau Gisela Dickershoff
Calle Ramon Campoamor 512 A/24
Los Balcones
E-03186 Torrevieja/Alicante
Telefon: 00 34/9 66 72/28 07

**Spanien/Fuerteventura**
Tierhilfe Fuerteventura
Frau Rosemarie Dammann
Dickstr. 10
53773 Hennef
Telefon: 0 22 42/86 74 82

**Spanien/Malaga**
Sociedad Protector de
Animales
»Pro Animales«
Herr Rainer Driewer
Lista de Correos
E-29788 Frigiliana/Malaga
Telefon: 00 34/9 52 03 07 99

**Spanien/Mallorca**
Tierhilfe Mallorca e.V.
Fundacion Arche Noah
Frau Helga Knies
Calle Pedro Seriol 22
E-07150 Son Curt/Andratx
Telefon: 00 34/9 71/23 54 77

**Spanien/Teneriffa**
Arche Noah Teneriffa
Frau Ute Lobüscher
Obergasse 10
64625 Bensheim
Telefon: 0 62 51/6 61 17

**Spanien/Teneriffa**
»Amorayna« Asociacion
Protectora de Animales
y la Naturaleza de la Villa
de la Orotava
Apartado postal 101
E-38300 La Orotava

**Zypern**
Tierhilfe Zypern e.V.
Frau Birgit Schworm
Magdalenenstr. 25
45475 Mülheim/Ruhr
Telefon: 02 08/7 51 06 38

# Grenzformalitäten und

| Land | Schutzimpfung Tollwut | Späteste Impfung vor Abreise |
|---|---|---|
| Belgien | Vom Tierarzt bestätigt [1] | 1 Monat |
| Bulgarien | Vom Tierarzt bestätigt [1] | 1 Monat |
| Dänemark | Vom Tierarzt bestätigt [1] | 1 Monat [8] |
| Estland [10] | Vom Tierarzt bestätigt [1] | 1 Monat |
| Finnland | Vom Tierarzt bestätigt [1] | 1 Monat [11] |
| Frankreich [2, 12] | Vom Tierarzt bestätigt [1] | 1 Monat |
| Griechenland | Vom Tierarzt bestätigt [1] | 15 Tage |
| Großbritannien | siehe »Einreise nach Großbritannien« | |
| Irland | 6 Monate Quarantäne und Einfuhrgenehmigung sind erforderlich. | |
| Island | Die Mitnahme ist verboten. Ausnahme- | |
| Italien | Vom Tierarzt bestätigt [1] | 20 Tage |
| Jugoslawien | Vom Tierarzt bestätigt [1] | 15 Tage |
| Kroatien | Vom Tierarzt bestätigt [1] | 15 Tage |
| Lettland | Vom Tierarzt bestätigt [1, 6] | 14 Tage |
| Litauen | Vom Tierarzt bestätigt [1, 6] | 14 Tage |
| Luxemburg | Vom Tierarzt bestätigt [1] | 1 Monat |
| Malta | Einfuhrerlaubnis und 1 Monat Quarantäne | |
| Niederlande | Vom Tierarzt bestätigt [1] | 1 Monat |
| Norwegen | siehe »Einreise nach Norwegen« Seite 162 | |
| Österreich | Vom Tierarzt bestätigt [1] | 1 Monat |
| Polen | Vom Tierarzt bestätigt [1] | 1 Monat |
| Portugal | Vom Tierarzt bestätigt [1] | 1 Monat |

# Einreisebestimmungen

| Impfung gültig für | Amtstierärztl. Gesundheitszeugnis nicht älter als | Tierärztliches Gesundheitszeugnis |
|---|---|---|
| | | |
| 12 Monate | | |
| 6 Monate | ja, (14 Tage) [4] | |
| 12 Monate | | |
| 12 Monate | ja [9] | |
| 12 Monate | | ja |
| 12 Monate | | |
| 12 Monate | | ja (höchstens 10 Tage alt) |
| siehe Seite 160 | | |
| Ausgenommen sind nur Katzen, die aus Großbritannien eingeführt werden. | | |
| genehmigung beim isländischen Landwirtschaftsministerium | | |
| 11 Monate | 30 Tage gültig | |
| 6 Monate | | ja |
| 6 Monate | | ja (höchstens 30 Tage alt) |
| | ja (30 Tage) [7] | |
| | ja (30 Tage) [7] | |
| 12 Monate | | |
| | | |
| 12 Monate | | |
| | | |
| 12 Monate | | |
| 12 Monate | ja (3 Tage) | |
| 12 Monate | ja [4] | |

| Land | Schutzimpfung Tollwut | Späteste Impfung vor Abreise |
|---|---|---|
| Rumänien | Vom Tierarzt bestätigt [1] | 1 Monat |
| Russland | Vom Tierarzt bestätigt [1] | |
| Schweden | siehe »Einreise nach Schweden« Seite 165 | |
| Schweiz | Vom Tierarzt bestätigt [1] | 30 Tage |
| Slowakische Republik | Vom Tierarzt bestätigt [1, 6] | 1 Monat |
| Slowenien | Vom Tierarzt bestätigt [1, 3] | 15 Tage |
| Spanien | Vom Tierarzt bestätigt [1] | 1 Monat |
| Tschechien | Vom Tierarzt bestätigt [1] | 1 Monat |
| Türkei [13, 14] | Vom Tierarzt bestätigt [1] | 15 Tage |
| Ungarn | Vom Tierarzt bestätigt [1] | 1 Monat |
| Zypern | Einreisegenehmigung und sechsmonatige | |

1 Eintragung im Internationalen Impfpass.
2 Tiere unter 3 Monaten brauchen eine Einfuhrerlaubnis.
3 Bei Tieren ist eine Impfung unter 3 Monaten nicht obligatorisch.
4 Gesundheitszeugnis sollte unmittelbar vor der Reise ausgestellt werden.
5 Erforderlich sind Gesundheits- und Impfzeugnis in deutscher und spanischer Sprache.
6 Internationaler Impfpass mit Tollwut- und Virenkomplettimpfung.
7 Inkl. Untersuchung auf Rinderflechte und Toxoplasmose.
8 Bei Tieren, die regelmäßig (einmal jährlich) geimpft werden, entfällt die 30-Tages-Pflicht.

# Einreisebestimmungen

| Impfung gültig für | Amtstierärztl. Gesundheitszeugnis nicht älter als | Tierärztliches Gesundheitszeugnis |
|---|---|---|
| 6 Monate | | ja (10 Tage) |
| | 3 Tage | |
| | | |
| 12 Monate | | ja (höchstens 30 Tage alt) |
| 12 Monate | ja (wenn Impfung gegen Virenkomplex nicht vorliegt; max. 3 Tage alt) | |
| 12 Monate | | ja |
| 12 Monate | 10 Tage[5] | |
| 12 Monate | | |
| 12 Monate | | ja (mind. 15 Tage max. 12 Monate alt) |
| 12 Monate | ja (8 Tage) | |
| Quarantäne | | |

9 Amtstierärztliches Gesundheitszeugnis in englischer, russischer oder estnischer Sprache.

10 Mindestalter des Tieres: 10 Wochen

11 Die 30-Tages-Frist entfällt bei Nachweis von regelmäßigen jährlichen Impfungen (mindestens 2).

12 Die Tiere müssen durch Mikrochip oder Tätowierung identifizierbar sein.

13 Erforderlich ist darüber hinaus eine Abstammungsurkunde.

14 Zur Erleichterung der Einreiseformalitäten ist es sinnvoll, Dokumente ins Türkische übersetzen zu lassen.

## Einreise nach Großbritannien

Seit dem April 2000 gibt es neue Bedingungen für die Einreise nach Großbritannien. Im Rahmen dieses Pilotprojektes, auch PETS (Pet Travel Scheme) genannt, werden entsprechende Neuregelungen auf verschiedenen Einreisewegen getestet, und zwar auf dem Seeweg von Calais nach Dover (Hoverspeed, P&O Stena, Sea France), dem Seeweg von Cherbourg, Caen, St. Malo oder Le Havre nach Portsmouth (Brittany Feries, P&O European) und im Kanaltunnel Coquelles nach Cheriton (Eurotunnel). Folgende Voraussetzungen müssen nach PETS erfüllt sein:

- Katzen müssen mit einem Mikrochip versehen sein; falls sie vor Einpflanzen des Chips geimpft wurden, muss die Impfung wiederholt werden. Alle Arten von Mikrochips werden akzeptiert.
- 30 Tage nach erfolgter Impfung sollte eine Blutprobe des betreffenden Tieres entnommen und in einem vom britischen Landwirtschaftsministerium zugelassenen Labor, in Deutschland Institut für Virologie in Gießen, getestet werden (Tollwutantikörpertiter).
- Nach dem Bluttest beginnt eine Wartezeit von sechs Monaten, ehe die Katze nach Großbritannien einreisen darf (gültig ist der Tag der Blutentnahme). Innerhalb von 24–48 Stunden vor der Einreise muss die Katze von einem Tierarzt gegen Bandwürmer und Zecken behandelt werden (auch hierfür sind bestimmte Präparate vorgeschrieben).

- Als Nachweis, dass die Katze alle Anforderungen erfüllt, muss sich der Halter (Besitzer) von einem Amtstierarzt in seinem Land eine entsprechende Bescheinigung (Gesundheitszeugnis) ausstellen lassen; eine Bescheinigung der Behandlung gegen Bandwürmer und Zecken ist ebenfalls vorgeschrieben.
- Sind die bisher genannten Voraussetzungen nicht erfüllt, benötigen Tiere eine Einfuhrerlaubnis sowie eine sechsmonatige Quarantäne.

Der volle Wortlaut der Erklärung sowie weiteres Informationsmaterial über PETS sind im Internet auf der Website des britischen Landwirtschaftsministeriums zu finden:
www.maff.gov.uk/animalh/quarantine/default.htm

Die PETS-Helpline erreichen Sie außerdem unter
Telefon: 0044-870 241 17 10
Fax: 0044-207 904 68 34
E-mail: pets@ahvg.maff.gsi.gov.uk

## Einreise nach Norwegen

Seit Oktober 1998 gelten für Katzen neue Einreisebedingungen nach Norwegen. Es wird keine Einreisegenehmigung mehr verlangt. Zu den Tieren muss lediglich eine vom Tierarzt (nicht mehr vom Amtstierarzt) unterschriebene Bescheinigung vorliegen.

Folgende Auflagen müssen bei der Einfuhr von Katzen aus EU/EFTA-Ländern mit Tollwut vorliegen:

- Zweiteilige Tierarztbescheinigung: Gesundheitsbescheinigung (Teil 1) und Impfbescheinigung (Teil 2). Das Formular erhalten Sie bei der Staatlichen Norwegischen Tiergesundheitsverwaltung – Zentralverwaltung oder beim Tierarzt. Die Gesundheitsbescheinigung ist maximal 10 Tage gültig, muss von einem Tierarzt unterschrieben sein und ist Beweis dafür, dass das Tier keine ansteckenden Krankheiten hat und eine Behandlung gegen Bandwürmer durchgeführt worden ist. In den ersten Tagen nach der Ankunft in Norwegen muss die Katze nochmals von einem Tierarzt gegen Bandwürmer behandelt werden. Die Impfbescheinigung wird auf der Grundlage der Impf- und Blutprobendokumente ausgeschrieben, sie sollte von einem Tierarzt ausgefüllt und unterschrieben sein.Die Gültigkeit ist begrenzt durch die Gültigkeit der Impfungen/Blutproben (siehe weiter unten).
- Tollwut: Impfung mit einem zugelassenen Impfstoff innerhalb von 365 Tagen vor der Einreise. Katzen müssen bei der ersten Impfung mindestens 12 Mo-

nate alt sein. Die Blutprobe zur Kontrolle des Tollwutantikörpertiters kann frühestens 120 und spätestens 365 Tage nach erfolgter Tollwutimpfung vorgenommen werden. Die Blutprobe (abgenommen von einem Tierarzt) muss von einem anerkannten Labor (Institut für Virologie, Gießen oder Landesuntersuchungsanstalt für das Gesundheits- und Veterinärwesen Sachsen, Chemnitz) ausgewertet worden sein (Antikörpertiter mindestens 0,5 IE/ml). Falls dieser Titer nicht erreicht ist, muss die Katze erneut gegen Tollwut geimpft und wiederum frühestens nach 120 Tagen erneut getestet werden. Ausnahme: Katzen, die schon einmal einen ausreichenden Antikörpertiter vorgewiesen haben und später im Abstand von nicht mehr als 365 Tagen wiederholt geimpft worden sind, müssen sich nicht einem erneuten Bluttest unterziehen. Falls die Zeitspanne zwischen den Tollwutimpfungen allerdings mehr als 365 Tage beträgt, kann eine erneute Blutuntersuchung frühestens 120 Tage nach der letzten Impfung erfolgen!

- Identifikation: Katzen müssen durch eine lesbare Tätowierung oder durch einen implantierten Mikrochip identifizierbar sein. Die Identitätsnummer muss in sämtlichen Impfbescheinigungen und in dem Blutprobenergebnis des untersuchenden Labors angegeben sein.
- Grenzkontrolle: Vor der Einreise nach Norwegen sind das Tier und die tierärztliche Bescheinigung unaufgefordert vorzuzeigen.
- Herkunft: Katzen, die nach Norwegen eingeführt werden, müssen sich mindestens für die Dauer von

6 Monaten in EU/EFTA-Ländern aufgehalten haben. Eine Eigenerklärung des Besitzers muss vorliegen. Die Einreise von Bengalkatzen ist nicht erlaubt.

- Sind Sie in Norwegen eingereist, dürfen Sie ohne schwedische Einfuhrerlaubnis nach Schweden weiterreisen.
- Auskünfte erteilt darüber hinaus die norwegische Botschaft oder die

Staatliche Norwegische Tiergesundheitsverwaltung
Zentralverwaltung

Postfach 8147 DEP.
N – 0033 Oslo

Telefon: 0047-22 24 19 4-0
Fax: 0047-22 24 19 4-5

## Einreise nach Schweden

Es gelten im Prinzip die gleichen Anforderungen wie für die Einreise nach Norwegen. Benötigt wird ein Gesundheitszeugnis, unterschrieben von einem Tierarzt inklusive Behandlung gegen Fuchsbandwurm (Gültigkeit 10 Tage) sowie ein Impfzeugnis mit der entsprechenden Tollwutimpfung. Auch für Schweden ist die Einreise von Bengalkatzen nicht erlaubt. Die Einfuhrgenehmigung wird bei Einreise aus Deutschland, Dänemark und Finnland benötigt. Reist man mit der Katze von Norwegen nach Schweden ein, genügen die Einreiseformalitäten für Norwegen. Eine Einreise aus einem Nicht-EU-Land (z. B. Polen) ist nicht erlaubt.

Antragsformulare erhalten Sie bei der schwedischen Botschaft oder über das Internet unter www.sjv.se.

# Zum Autor

Dr. med. vet. Stefan Oetjen, Jahrgang 1961, ist Fachtierarzt für Kleintiere. Er arbeitet in einer Tierklinik in Hamburg, gibt Erste-Hilfe-Kurse für Hunde- und Katzenbesitzer und -züchter und ist u. a. verantwortlicher Tierarzt auf der Windhunderennbahn in Hildesheim.

E-mail: Oet_dogdoc@t-online.de

# Bildnachweis

Bild 1, 24 Dr. Stefan Oetjen, Hamburg

Bild 2, 8, 26, 27, 28, 29 Inge Maria Peters, Hamburg

Bild 3, 4, 5, 6, 7, 8, 9, 10, 11, 12, 13, 14, 15, 16, 17, 18, 19, 20, 21, 22, 23 Jens Goethel, Hamburg

Bild 25 Okapia/Hans Reinhard, München

Bild 30 Alexander Angebrandt, München

Bild 31 Okapia/Christine Steimer, München

Seite 143, 145, 147 Dr. Stefan Oetjen, Hamburg

Seite 139, 149, 170 Alexander Angebrandt, München

Seite 167 Jens Goethel, Hamburg

# Register

## H



## I



## K



## L

**Z**